U0351622

高等学校优秀青年教师教学科研奖励计划
和教育部留学回国人员科研启动基金资助

采场岩层控制论

何富连　赵计生　姚志昌　著

北　京

冶　金　工　业　出　版　社

2009

内 容 提 要

　　本书系统地总结了作者 20 余年来在采场岩层控制领域的研究成果，编写过程中力求内容严谨、充实，图文并茂，阅读方便。本书内容主要包括：老顶初次来压步距的计算，复杂条件下老顶初次来压的相似模拟和现场实践，普采工作面矿山压力监测，综采面直接顶稳定性的相似材料模拟实验研究，综采支架—围岩工作状态的监测与控制，高产高效综采面支架—围岩系统监控软件，东庞煤矿大采高综采面支架—围岩系统监控的实践。上述研究成果对矿业科技发展具有重要的理论和实践意义。

　　本书可供广大矿业科研工作者、工程技术人员和管理干部参考使用，也可作为煤炭系统大专院校采矿工程、安全技术及工程、岩土工程等专业研究生和高年级本科生的教学参考书。

图书在版编目（CIP）数据

采场岩层控制论/何富连,赵计生,姚志昌著. —北京：
冶金工业出版社, 2009.4
　ISBN 978-7-5024-4920-9

　Ⅰ. 采…　Ⅱ. ①何…　②赵…　③姚…　Ⅲ. 煤矿
开采—岩层移动—控制　Ⅳ. TD325

中国版本图书馆 CIP 数据核字（2009）第 034184 号

出　版　人　曹胜利
地　　　址　北京北河沿大街嵩祝院北巷 39 号，邮编 100009
电　　　话　（010）64027926　电子信箱　postmaster@cnmip.com.cn
责任编辑　李　雪　王　楠　美术编辑　李　心　版式设计　张　青
责任校对　刘　倩　责任印制　牛晓波
ISBN 978-7-5024-4920-9
北京百善印刷厂印刷；冶金工业出版社发行；各地新华书店经销
2009 年 4 月第 1 版，2009 年 4 月第 1 次印刷
148mm×210mm；7.375 印张；215 千字；222 页；1—2000 册
25.00 元
冶金工业出版社发行部　电话：（010）64044283　传真：（010）64027893
冶金书店　地址：北京东四西大街 46 号（100711）　电话：（010）65289081
　　　　（本书如有印装质量问题，本社发行部负责退换）

前　言

采矿工业是人类赖以生存和发展的基础产业，为国民经济提供了主要的能源和原料。我国目前是世界上矿物开采产量最高的国家之一。采矿工程科技是把自然赋存状态的资源和能源从地壳中经济合理地安全开采出来的科学技术。大自然岩体矿藏及矿业生产技术地质条件具有多样性、复杂性和多变性，岩层控制则是矿业工程赖以生存和发展的空间前提，是资源和地表环境保护的基础。

中国煤炭资源丰富，煤炭占全国能源消费的70%左右，占矿业总产量的50%以上。采场是煤矿生产的"心脏"，采场岩层控制是煤炭开采全过程中直接影响生产能否顺利进行及作业安全和经济效益的重大课题。目前，我国煤矿开采因顶板事故造成的死亡人数约占井下死亡总人数的40%，顶板事故居煤矿各类事故之首，且易引发其他类型事故。随着采煤机械化的发展，采场支架—围岩事故还日益成为制约高产高效开采的主要因素。

作者在20余年从事普采面和综采面矿山压力及顶板事故研究的基础上，集理论分析、相似模拟实验、仪器仪表研发和现场工程实践于一体完成了本著作。本著作是由三位作者共同写作的。全书共分七章，写作的具体分工为：何富连编写第1~4章；姚志昌编写第5章；何富连、赵计生编写第6章；赵计生编写第7章。

　　本著作的出版得到了高等学校优秀青年教师教学科研奖励计划和教育部留学回国人员科研启动基金资助。在此，作者对中华人民共和国教育部表示诚挚的谢意！

　　限于作者的水平，书中不妥之处在所难免，热情欢迎读者批评指正。

作　者

2009 年 1 月

目　　录

1 老顶初次来压步距的计算

1.1 老顶初次来压步距计算的意义

在矿业开采过程中,随着长壁采煤工作面的推进,采空区顶板悬露面积不断增大。当工作面自开切眼向前推进到一定距离时,采空区顶板(包括老顶)的破断、运动和冒落会给回采工作面带来一系列矿山压力问题。开采实践表明,工作面的安全事故中,顶板事故占有很大比重。顶板事故中的大部分是由于直接顶所引起的,但直接顶的失稳常常是与直接顶的破碎及直接顶和老顶之间形成的离层有关,并且与直接顶的运动和采场老顶的运动密切相关。甚至在有些情况下,采场老顶直接位于煤层之上,并直接作用于采场支架之上。统计资料也表明,工作面冒顶等顶板事故大多发生在老顶初次来压和周期来压期间,尤其在初次来压期间,其强度往往最大,矿压显现最为剧烈,导致工作面来压成为采场矿山压力控制的重要内容。

从我国煤炭生产实际情况来说,单体支柱工作面还大量存在,且在坚硬顶板条件下,在来压时即使液压支架也会产生支柱缸体爆裂、立柱压弯等现象。因而在工作面初次来压期间应采取临时加强支护措施、加强工作面管理及其他一些安全措施,确保工作面的安全生产。这些首先要建立在对工作面初次来压步距准确确定的基础之上。

老顶初次来压步距的确定方法,过去一直采用经验预兆法进行预报,但这种方法易受到客观条件及经验水平的限制。近20年来,由于观测仪表的发展,仪表预报法得到了广泛的应用。由于所用的预报指标是多样化的,预报指标的临界值较难确定,且需要花费较大的人力、财力和物力,因而仪表预报法的预报效果在有些情况下并不理想,在实际应用上也存在一定困难。

事实上,老顶初次来压步距可以用计算的方法加以确定。这样,既可在经济上节省,也可提高工作效率,在工作面开采前制订作业规程时就可做到事先心中大致有数，在来压位置附近做好顶板管理工作。这样对工作面安全高效生产具有重大的必要性和现实意义，使研究工作真正走在生产前面，起到指导生产的作用。即使在使用实测方法的情况下，计算方法还可以为实测方法提供一个参考值，当工作面推进到计算步距附近时，观测人员可集中精力加强监测。此外，随着有关步距计算研究的深入，人们亦可掌握老顶初次来压步距与采场边界条件的性质、类型及工作面长度之间的关系，进而为开采设计中确定合适的工作面参数（如工作面长度和放顶位置）提供依据。

1.2　老顶初次来压步距计算方法的发展

在老顶初次来压步距的计算方面，最早是把采空区悬露顶板看作梁式结构，即形成一端由工作面煤壁和直接顶所支撑，另一端由开切眼侧煤体和直接顶所支撑的两端固支的梁。此时，若老顶之上岩层强度较低，则上覆岩层重量作为载荷由老顶"梁"传递至两端支承点上。根据最大拉应力破断准则，可知岩梁的极限跨距为：

$$l_{ce} = h\sqrt{\frac{2\sigma_t}{q}} \tag{1-1}$$

式中　h——老顶岩层的厚度，m；

　　　σ_t——岩体的抗拉强度极限，kPa；

　　　q——岩梁所承受的载荷，kN。

此时，最大拉应力发生在岩梁的两支承端，因而岩梁在两端发生断裂，形成两端简支的岩梁。而两端简支岩梁的极限跨距为：

$$l_{ce} = 2h\sqrt{\frac{\sigma_t}{3q}} \tag{1-2}$$

由此可见，此时岩梁的极限跨距小于两端固支条件下的极限跨距，那么岩梁在跨度中部的最大拉应力处断裂。随之形成破断岩块的转动，达到三铰拱式的平衡，再过渡到三铰拱式结构的失稳，导致工作面的初次来压。

梁式结构对工作面初次破断和来压步距的确定方法简单明了，在工作面初次来压步距较小时起到了较大作用。但根据板结构理论，当采场老顶初次来压步距较大，甚至采空区顶板长宽比接近于1时，对于采空区顶板受力计算来说，梁式结构已不再适用，必须考虑到采空区四周边界支撑条件的影响，即按板结构考虑才能准确确定初次来压步距。

我国顶板条件多种多样，初次来压步距大小不一，尤其是大同、平顶山、北京、通化、鹤岗、艾维尔沟、峰峰等局矿出现的坚硬顶板，来压步距可接近工作面长度甚至超过工作面长度。生产实际中，步距较大的初次来压所造成危险性最大，也最有预先确定初次来压步距的必要。例如大同王村矿8202综采工作面平时推进时顶板完整，下沉量小，支架所承受的载荷也不大，但当来压时，顶板下沉量突然增大，顶板对支架产生冲击载荷，机道上方顶板出现明显裂缝，且有持续断裂声响，大量煤壁片帮，支架损坏，并且从采空区有风流吹出。峰峰矿务局孙庄矿12232工作面直接赋存于煤层之上的砂岩顶板总体厚度达到29m，在工作面推进40余米的情况下，砂岩顶板未出现任何冒落。孙庄矿在难以预测采场初次来压步距的困境下，出于安全方面的考虑，工作面被迫停采搬家，报损煤炭近2万t。由于坚硬顶板来压的突然性和难控制性，大同矿区曾广泛采用刀柱式采煤法，用煤柱支撑顶板，结果造成资源回收率低、自燃发火频繁、机械化程度低、产量低、效率低等一系列问题，并为大面积顶板冒落埋下了隐患。如马脊梁矿402采区，开采厚度为6m的2号煤层，顶板为4m厚的砂砾岩，其上为50～100m的砂岩，当采空区面积达到15.1万m^2时（支撑煤柱占总面积19.4%），发生了大面积来压，一次冒落面积12.5万m^2，冒落时挤出风量达60万m^3，使井下设备遭到严重破坏。冒落后，地表出现一个面积为7万m^2的椭圆形塌陷区，陷深0.7m，开裂数十处，裂口宽度可达4m。

应用板结构理论计算老顶初次来压步距以往主要有以下三种方法。第一种方法是瑞利（Rayleigh）—吕滋（Ritz）法，第二种方法是借用《建筑结构静力计算手册》对板的一些求解结果，第三种方法是应用马尔库斯（Marcus）简算式。有些学者曾用瑞利（Rayleigh）—吕滋（Ritz）法或《建筑结构静力计算手册》对板的一些求解结果计算大同矿区个别工作面坚硬顶板的初次来压步距，还有一些学者在马尔库斯简算式的基础上得出板内弯矩的大致分布，并分析了坚硬顶板的板结构在各种支承条件下破断步距和来压规律。

Ritz 法和 Marcus 简算式皆属近似计算的方法，并且 Ritz 法的求解过程还是比较繁琐的。以四老沟矿 2 号层 8203 工作面为例，工作面长 110m，老顶为厚 20.5m 的砂砾岩，其抗拉强度 $\sigma_t = 4MPa$，泊松比 $\mu = 0.3$。采空区四周皆为实体煤，由于大同矿区煤体硬度较大，并且老顶直接赋存于煤层之上，而老顶之上又有更厚的砂岩赋存，因此计算初次来压步距时可将四周原始边界条件作为固支处理。工作面实际初次来压步距为 102.3m。考虑到采矿问题的特点，初次来压步距接近工作面长度时，老顶四周断裂后并不垮落和来压。也就是说，此时四周简支板的最大弯矩小于四周固支板的最大弯矩，工作面要推至板结构中心区域应力达到强度极限并发生断裂，整个老顶板结构才会产生垮落和来压，所以初次来压步距的计算应以四周简支板考虑。根据以上情况，Ritz 法所得的初次来压步距计算结果为 84.6m，Marcus 简算式所得的计算结果为 122.9m。而由《建筑结构静力计算手册》推算或级数精确解得出的初次来压步距值为 99.7m。由此可见，在四老沟矿 2 号层 8203 工作面生产地质条件下，Ritz 法和 Marcus 简算式的计算结果与实际来压步距相差很大，故是不能允许的。

事实上，求解四周简支板结构的纳维埃（C. L. Navier）解法将挠度 w 取为如下重三角级数：

$$w = \sum_{m=1}^{\infty} \sum_{n=1}^{\infty} A_{mn} \sin \frac{m\pi x}{a} \sin \frac{n\pi y}{b} \tag{1-3}$$

这一重三角级数在求解板结构的内力时收敛相当缓慢。W. Ritz 法正是取级数的第一项作为挠度函数，并进一步求解板的内力。自然，Ritz 法推算出的初次来压步距值与实际来压步距相去甚远。Ritz 法求解其他边界条件下板的弯矩也是采用级数精确解中的第一项进行运算，所以 Ritz 法一般说来误差较大，不适于初次来压步距的求算。

Marcus 简算式的基本思想是假设有两个位于跨中且相互正交的单位宽度的板条，根据两板条中心挠度应当相等的原则确定分配在两板条上的载荷。然后考虑板结构抗扭刚度的影响，得出最大正弯矩的近似修正式。由此可见，Marcus 简算式是用近似方法推导出来的。

基于板条基础上的 Marcus 简算式一般在四周对称板结构时误差小些。由于在板长宽比接近于 1 时，四周边界对板条抗扭刚度影响较大，故误差亦要大些；而当板的长宽比与 1 相差较大时，最大弯矩方向板条由于横向剪力较小，则最大弯矩误差也要小些。因此 Marcus 简算式的误差在有些情况下大，有些情况下小，应根据具体条件并考虑泊松比 μ 的影响进行修正。

至于查《建筑结构静力计算手册》，虽然手册中给出的弯矩是精确解，但手册中板的长宽比限制在 0.5 ~ 2 之间，泊松比 $\mu = 0$。若记 l 为板宽，λ 为板宽长比，板结构最大弯矩在手册中则被表达成 $f(\lambda) \cdot ql^2$ 的形式，并且给出的是 $f(\lambda)$ 的一些离散点值。事实上，采场顶板的初次来压步距并不局限于板结构的两边长比在 0.5 ~ 2 之间，岩石的泊松比 $\mu \neq 0$。更由于现在是根据采场老顶的强度和载荷、面长去求解初次来压步距（在初次来压步距小于面长的情况下即为 l），而 M_{max} 却随 λ 和 l 这两个变量的变化而变化，使得初次来压步距难以确定。因此，根据手册中弯矩离散点值推算初次来压步距是一个复杂繁琐的过程，也不便于作进一步的推导分析。另外，采场顶板的初次来压步距必须结合它的实际破断运动规律加以分析，远不是仅用《建筑结构静力计算手册》所能判断解决的。

对于以上三种方法来说，它们都将边界条件简化为固支或简支。这种简化在一定条件下（当老顶之下垫层比较坚硬并且垫层和老顶厚度都比较小时）计算初次来压步距是完全允许的。而当老顶之下垫层非常松软且垫层和老顶厚度都较大时，老顶周边支承的力学性质就和固支、简支相去甚远了。

从以上分析可以看出，对于初次来压步距计算分析（包括力学模型、边界条件、破断准则、求解方法诸方面）还需做深入研究，即根据现场实际情况、相似材料模拟结果和板结构理论建立合理的力学模型进行计算分析，并引入 Winkler 弹性基础梁理论探讨边界支承基础性质对老顶来压的影响，从而得出一种计算分析初次来压步距的系统性方法。这一方法简单、明了、准确，便于现场实用计算和问题分析，并经过丰富的现场资料进行对比、验证和能在现场矿压监测实践中进行实际应用。在此基础上,则可进一步探讨初次来压步距的变化规律,对现场的矿山压力现象做出合理的解释。另外,过去对老顶初次来压步距计算及破断规律的分析局限于矩形采空区,而对于具有断层或梯形采空区情况则缺乏研究,因此在这方面还需进行探索性研究工作。

1.3 采场老顶板结构模型

1.3.1 力学模型的建立

众所周知,采场老顶的赋存具有明显的层状特点。如图 1-1a 所示,随着长壁工作面的推进逐步形成了矩形采空区。老顶岩层由于具有岩体强度高、整体性好、弱面不发育且呈厚层状沉积的特点,则可出现较大面积的板状悬顶。

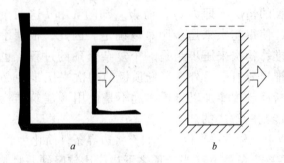

图 1-1　矩形采空区及老顶板结构的形成
a—矩形采空区形成示意;b—力学模形

如果为了研究问题的方便,将实体煤和窄煤柱边界分别简化为固支、简支边界,则由本章第 1.6 节引入弹性基础边界研究后得知,当综合反映老顶岩层和夹层性质的指标 $\omega \cdot l_{ce}$ 在 $1.5 \leqslant \omega \cdot l_{ce} \leqslant 7.0$ 或 $\omega \cdot l_{ce} \geqslant 15$ 范围内时,初次来压步距的求解误差不超过 10%;当 $\omega \cdot l_{ce} \geqslant 28$ 时求解误差不超过 5%。

现场调研表明,多数情况下老顶初次来压步距为 15～65m,$\omega \cdot l_{ce}$ 在 $1.5 \leqslant \omega \cdot l_{ce} \leqslant 7.0$ 或 $\omega \cdot l_{ce} \geqslant 15$ 范围内,故初次来压步距的计算误差不超过 1.5～6.5m,其精度基本上可满足生产需要。在初次

来压步距较大的大同矿区，$\omega \cdot l_{ce}$远比一般情况大，求解误差一般小于5%，亦可满足采矿工程的需要。但也有个别工作面，初次来压步距大，而$\omega \cdot l_{ce}$又不在以上范围内，则其求解的绝对误差就较大，此时就需引入弹性基础边界条件进行修正。

由以上分析可知，除个别情况外，在大多数情况下可将窄煤柱和实体煤边界简化为简支、固支处理。这样处理可大大简化初次来压步距的求解过程，对于图1-1a的情况可得出图1-1b所示的力学模型。现场钻孔电视观测及相似模拟试验表明，老顶在初次来压前总是首先发生离层，并且离层成组出现。组中的软弱岩层可视为作用于老顶岩层上的载荷并随老顶一起运动，一般说来可取组中较坚硬的岩层作为研究对象。离层作用导致采空区老顶与原岩应力场分离，老顶岩层在来压时呈现弹脆性材料特性。在我国顶板条件下，工作面初次来压步距或面长与老顶厚度之比一般皆大于4。老顶岩层具有较大的弹性模量，所以老顶板结构具有相当的弯曲刚度，以至于它的挠度远小于它的厚度。因而，采场老顶板结构属克希霍夫（Kirchhoff）弹性板，可用板的小挠度弯曲理论求解。

事实上，现场采空区四周的支承条件是多样的，一般可将初次来压前的老顶板结构分为如图1-2所示的5种类型。

一般说来，图1-2中a、b两种情况在井下开采中较为常见。

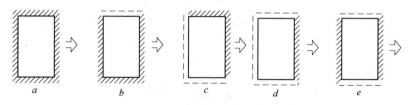

图1-2 老顶初次来压前的板结构模型

a—四周固支条件板结构，用于初采工作面，或相邻虽有采空区但有大煤柱相隔；b—三边固支、一边简支板结构，用于相邻有一侧采空区且仅留小煤柱，其余边界均为实体煤；c—邻边固支、邻边简支板结构，用于相邻两侧已采空且仅留小煤柱，其余边界均为实体煤；d—一边固支、三边简支板结构，用于相邻三侧均已采空且仅留小煤柱，另一边界为实体煤；e—对边固支、对边简支板结构，用于两相对边界侧均已采空且仅留小煤柱，其余边界均为实体煤

1.3.2 破断准则

由于岩石材料的抗拉强度远小于其抗剪和抗压强度，并且模拟试验和现场观测到的工作面顶板断口基本上正交于悬板的主拉应力迹线，顶板的破断属张性破坏，所以研究板结构破断采用最大主拉应力准则。由于老顶，尤其是坚硬顶板的老顶，其岩体强度高、整体性好、弱面不发育，可认为老顶的抗拉强度与岩石试块的抗拉强度趋向一致，岩石试块的抗拉强度可作为顶板断裂的判据。

1.3.3 板结构求解分析

板的小挠度理论首先求解板的挠度，然后求解板的内力。对于如图 1-3 所示的均厚板，求解板挠度的基本方程为：

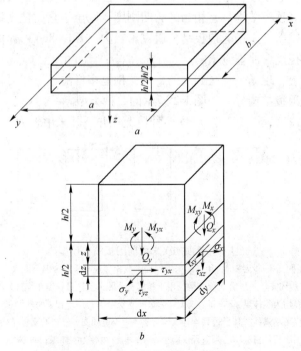

图 1-3 板结构及其内力图

a—板结构图；*b*—板结构内力图

$$D \nabla^4 w = q \tag{1-4}$$

$$D = \frac{Eh^3}{12(1-\mu^2)}$$

式中 D——板的弯曲刚度，N/m；

E——板的弹性模量，GPa；

h——板的厚度，m；

μ——板的泊松比；

w——板的挠度，m；

q——板的横向载荷，kPa。

对于板的弯曲问题，弯应力和扭应力在数值上最大，是主要应力；横向剪应力及挤压应力在数值上较小，是次要应力，一般无需计算。故弯矩 M_x、M_y 和扭矩 M_{xy}、M_{yx} 及其相应的应力表达式如下：

$$M_x = -D\left(\frac{\partial^2 w}{\partial x^2} + \mu \frac{\partial^2 w}{\partial y^2}\right) \tag{1-5}$$

$$M_y = -D\left(\frac{\partial^2 w}{\partial y^2} + \mu \frac{\partial^2 w}{\partial x^2}\right) \tag{1-6}$$

$$M_{xy} = M_{yx} = -D(1-\mu)\frac{\partial^2 w}{\partial x \partial y} \tag{1-7}$$

$$\sigma_x = \frac{12M_x}{h^3} \cdot z \tag{1-8}$$

$$\sigma_y = \frac{12M_y}{h^3} \cdot z \tag{1-9}$$

$$\tau_{xy} = \tau_{yx} = \frac{12M_{xy}}{h^3} \cdot z \tag{1-10}$$

当将实体煤和煤柱边界分别作为固支、简支边界条件处理时，无论相似材料模拟试验及理论分析皆表明，板总是首先从固支边破断并沿固支边扩展，再在板中心处出现破断并扩展，最后完成老顶的初次破断和来压过程。老顶岩层周边断裂后形成的平衡关系属四周均处于简支条件下（靠水平力和摩擦力啮合的裂缝）板结构稳定性问题。故计算初次来压步距要考察的是支承边上的主应力及周边破断完成后板中心的主应力。为此，对图 1-4 所示的固支边和板中心 O' 的内力可得到如下结果：

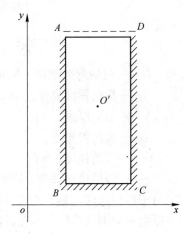

图 1-4　板内力分析图例

（1）AB 边（垂直于 x 轴），$w = 0$，$M_{xy} = 0$，$\tau_{xy} = 0$。当 $\mu = 0$ 时，$M_y = 0$，$\sigma_y = 0$。

（2）BC 边（垂直于 y 轴），$w = 0$，$M_{xy} = 0$，$\tau_{xy} = 0$。当 $\mu = 0$ 时，$M_x = 0$，$\sigma_x = 0$。

（3）中心 O' 点，当板四周支承条件一样（如板四周破断后），那么板的挠度在 x、y 轴方向关于板中心 O' 点对称。此时 $M_{xy} = 0$，$\tau_{xy} = 0$。

1.3.4　板结构求解分析结果的应用

1.3.4.1　泊松比 μ 的影响

由于岩石的泊松比 $\mu \neq 0$，而求解弯矩一般是在 $\mu = 0$ 情况下得出，为此需考察弯矩随 μ 变化的关系式。对于只具有固支和简支边界条件的板结构，边界条件方程中不含泊松比 μ。根据基本方程即可推出弯矩随 μ 变化的关系式：

$$M_x^{\mu} = M_x + \mu M_y \tag{1-11}$$

$$M_y^{\mu} = M_y + \mu M_x \tag{1-12}$$

式中　M_x、M_y——μ 为 0 时的弯矩；

M_x^{μ}、M_y^{μ}——μ 为其他任意值时的弯矩。

此公式对板内任一点都适用。在 AB 边，$M_y = 0$，则 $M_x^{\mu} = M_x$；在 BC 边，$M_x = 0$，则 $M_y^{\mu} = M_y$。

1.3.4.2　计算初次来压步距需考察的弯矩

根据最大主应力准则，需考察的为板结构内主应力 σ_1、σ_2 中的最大者 $\sigma_{\max}$，而 σ_1、σ_2 可由下式求得：

$$\sigma_{1,2} = \frac{\sigma_x + \sigma_y}{2} \pm \sqrt{\left(\frac{\sigma_x - \sigma_y}{2}\right)^2 + \tau_{xy}^2} \qquad (1\text{-}13)$$

由于计算需要考察的 σ_{max} 必然在板固支边界上或四周破断后板中心处，并且这些位置的 $\tau_{xy} = 0$。现记沿垂直于 x 轴板边界上最大弯矩为 M_{ox}（对应应力为 σ_{ox}），沿垂直于 y 轴板边界上最大弯矩为 M_{oy}（对应应力为 σ_{oy}），记板中心处弯矩分别为 M_x^μ（对应应力为 σ_x^μ）和 M_y^μ（对应应力为 σ_y^μ），则在未发生破断的板结构内：

$$\sigma_{max} = \begin{cases} \sigma_{ox}, & \sigma_{ox} \geqslant \sigma_{oy} \\ \sigma_{oy}, & \sigma_{oy} > \sigma_{ox} \end{cases} \qquad (1\text{-}14)$$

在四周破断后的板结构内：

$$\sigma_{max} = \begin{cases} \sigma_x^\mu, & \lambda \leqslant 1 \\ \sigma_y^\mu, & \lambda > 1 \end{cases} \qquad (1\text{-}15)$$

式中，$\lambda = BC/AB$。

由于 M 和 σ 的对应关系，在未发生破断的板结构内：

$$M_{max} = \begin{cases} M_{ox}, & M_{ox} \geqslant M_{oy} \\ M_{oy}, & M_{oy} > M_{ox} \end{cases} \qquad (1\text{-}16)$$

在四周破断后的板结构内：

$$M_{max} = \begin{cases} M_x^\mu, & \lambda \leqslant 1 \\ M_y^\mu, & \lambda > 1 \end{cases} \qquad (1\text{-}17)$$

综上所述，根据最大主应力破断准则，对于初次来压步距计算来说，只需考察未发生破断前板结构边界上的弯矩 M_{ox} 和 M_{oy} 中的较大者及四周破断后板中心处弯矩 M_x^μ 和 M_y^μ 中的较大者。板边界上弯矩 M_{ox} 和 M_{oy} 的计算与 μ 无关；而在板中心处，当泊松比 μ 变化时，弯矩可按式（1-11）和式（1-12）加以修正。

1.4 板结构弯矩的精确解

精确解的求解建立在无穷级数的基础上，求解结果也被表达成无穷级数的极限和。现以求解过程最为简单的四周简支板为例子，参照铁摩辛柯（S. Timoshenko）所著的《板壳理论》中的多重级数解说明经典法求得精确解的过程。

如图 1-5 所示，四周简支板由于垂直分布于板面的均布载荷而弯曲，板的挠度应满足方程：

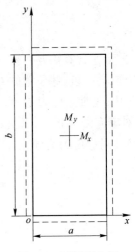

图 1-5　四周简支板

$$\frac{\partial^4 w}{\partial x^4} + 2\frac{\partial^4 w}{\partial x^2 \partial y^2} + \frac{\partial^4 w}{\partial y^4} = \frac{q}{D} \quad (1\text{-}18)$$

并应满足边界条件：

$w = 0$，$M_x = 0$，当 $x = 0$ 或 $x = a$；

$w = 0$，$M_y = 0$，当 $y = 0$ 或 $y = b$。

将挠度 w 取为如下的重三角级数：

$$w = \sum_{m=1}^{\infty} \sum_{n=1}^{\infty} A_{mn} \sin\frac{m\pi x}{a} \sin\frac{n\pi y}{b} \quad (1\text{-}19)$$

显然，挠度 w 的表达式能满足所有的边界条件。将式（1-19）的挠度表达式代入弹性曲面的微分方程式（1-18），得到：

$$\pi^4 D \sum_{m=1}^{\infty} \sum_{n=1}^{\infty} \left(\frac{m^2}{a^2} + \frac{n^2}{b^2}\right) A_{mn} \sin\frac{m\pi x}{a} \sin\frac{n\pi y}{b} = q \quad (1\text{-}20)$$

为了求出系数 A_{mn}，须将式（1-20）右边的 q 展开成与左边同样的重三角级数，即：

$$q = \sum_{m=1}^{\infty} \sum_{n=1}^{\infty} C_{mn} \sin\frac{m\pi x}{a} \sin\frac{n\pi y}{b} \quad (1\text{-}21)$$

将式（1-21）的左右两边都乘以 $\sin\frac{i\pi x}{a}$，其中 i 为任意正整数，然后对 x 从 0 到 a 积分，则有：

$$\int_0^a q \sin\frac{i\pi x}{a}\mathrm{d}x = \frac{a}{2}\sum_{n=1}^{\infty} C_{in} \sin\frac{n\pi y}{b} \quad (1\text{-}22)$$

再将式（1-22）左右两边都乘以 $\sin\frac{j\pi y}{b}$，其中 j 为任意正整数，

然后对 y 从 0 到 b 积分，则有：

$$\int_0^a \int_0^b q \sin\frac{i\pi x}{a} \sin\frac{j\pi y}{b} \mathrm{d}x\mathrm{d}y = \frac{ab}{4}C_{ij} \qquad (1\text{-}23)$$

因为 i 和 j 是任意正整数，可以换写为 m 和 n，所以上式可换写为：

$$\int_0^a \int_0^b q \sin\frac{m\pi x}{a} \sin\frac{n\pi y}{b} \mathrm{d}x\mathrm{d}y = \frac{ab}{4}C_{mn} \qquad (1\text{-}24)$$

由式（1-20）、式（1-21）、式（1-24）可得：

$$A_{mn} = \frac{4\int_0^a \int_0^b q \sin\dfrac{m\pi x}{a} \sin\dfrac{n\pi y}{b} \mathrm{d}x\mathrm{d}y}{\pi^4 abD\left(\dfrac{m^2}{a^2} + \dfrac{n^2}{b^2}\right)^2} \qquad (1\text{-}25)$$

由于板结构所受的为均布载荷，故 q 为常量，则由式（1-25）可得：

$$A_{mn} = \frac{16q}{\pi^6 Dmn\left(\dfrac{m^2}{a^2} + \dfrac{n^2}{b^2}\right)^2} \quad (m,\ n = 1,\ 3,\ 5\cdots) \qquad (1\text{-}26)$$

将式（1-26）代入式（1-19），即得挠度的表达式：

$$w = \frac{16q}{\pi^6 D} \sum_{m=1,3,\cdots}^{\infty} \sum_{n=1,3,\cdots}^{\infty} \frac{\sin\dfrac{m\pi x}{a}\sin\dfrac{n\pi y}{b}}{mn\left(\dfrac{m^2}{a^2} + \dfrac{n^2}{b^2}\right)^2} \qquad (1\text{-}27)$$

由式（1-27），可根据式（1-5）、式（1-6）求得板结构的弯矩：

$$M_x = \frac{16qa^2}{\pi^4} \sum_{m=1,3,\cdots}^{\infty} \sum_{n=1,3,\cdots}^{\infty} \frac{(m^2 + \mu\lambda^2 n^2)\sin\dfrac{m\pi x}{a}\sin\dfrac{n\pi y}{b}}{mn(m^2 + \lambda^2 n^2)^2} \qquad (1\text{-}28)$$

$$M_y = \frac{16qa^2}{\pi^4} \sum_{m=1,3,\cdots}^{\infty} \sum_{n=1,3,\cdots}^{\infty} \frac{(\mu m^2 + \lambda^2 n^2)\sin\dfrac{m\pi x}{a}\sin\dfrac{n\pi y}{b}}{mn(m^2 + \lambda^2 n^2)^2} \qquad (1\text{-}29)$$

式中 $\lambda = a/b$。

在板的中心处，$x = a/2$，$y = b/2$，则：

$$M_x = \frac{16qa^2}{\pi^4} \sum_{m=1,3,\cdots}^{\infty} \sum_{n=1,3,\cdots}^{\infty} (-1)^{\frac{m+n}{2}-1} \frac{m^2 + \mu\lambda^2 n^2}{mn(m^2 + \lambda^2 n^2)^2} \quad (1\text{-}30)$$

$$M_y = \frac{16qa^2}{\pi^4} \sum_{m=1,3,\cdots}^{\infty} \sum_{n=1,3,\cdots}^{\infty} (-1)^{\frac{m+n}{2}-1} \frac{\mu m^2 + \lambda^2 n^2}{mn(m^2 + \lambda^2 n^2)^2} \quad (1\text{-}31)$$

这样，便求得了四周简支条件下板结构弯矩的精确解。对于其他边界条件下板结构的弯矩，则以四周简支的矩形板为基本系，采用结构力学中的力法、位移法或混合法求解。

1.5 Marcus 简算式及其校验和修正

Marcus 简算式具备简单明了的特点，并具有解析表达式，但在有些区域的计算结果不太理想。板壳理论中经典法的多重级数解虽然是精确解，但十分繁杂，不便于工程直接应用，也难以对工程问题做进一步的分析。综合以上情况，可采用 Marcus 简算式作为基础，用经典法的精确解结果对它进行修正。由于计算结果要应用到初次来压步距较大的情况，故修正时要保证 Marcus 简算式在求解范围内的弯矩达到误差范围不超过 5% 这一工程标准。根据误差分析理论可以证明，只要弯矩计算达到此要求，初次来压步距的计算精度可以得到保证。

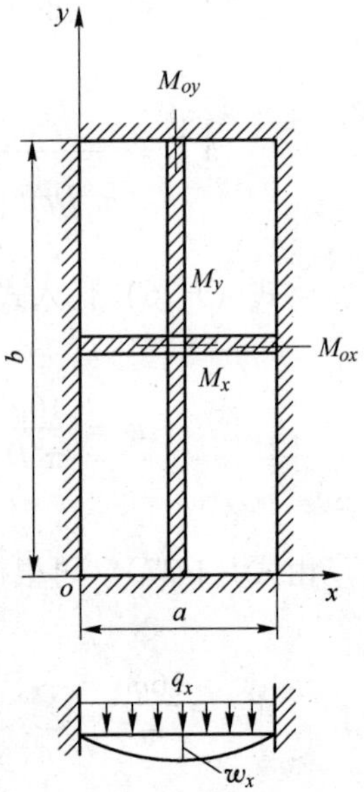

图 1-6 四周固支板

1.5.1 四周固支条件板结构

在四周固支条件下，取板的宽度为 a，长度为 b，受均布载荷 q 的作用。设板对称轴上有两个位于跨中且相互正交的单位宽度板条，如图 1-6 所示。

根据 Marcus 所假设整体板变形协调条件可知，两个板条的中心挠度相等，即：

$$(w_x)_{a/2} = (w_y)_{b/2} \quad (1\text{-}32)$$

则有：

$$\frac{q_x a^4}{384EI} = \frac{q_y b^4}{384EI} \qquad (1\text{-}33)$$

又由于：

$$q_x + q_y = q \qquad (1\text{-}34)$$

因而，可求得分配在 x，y 轴方向上的板条载荷 q_x、q_y 分别为：

$$q_x = \frac{1}{1 + \lambda^4} q \qquad (1\text{-}35)$$

$$q_y = \frac{\lambda^4}{1 + \lambda^4} q \qquad (1\text{-}36)$$

式中，$\lambda = a/b$。

由 Marcus 简算式解得四周固支板固支边中点的主弯矩分别为：

$$M_{ox} = -\frac{1}{12(1 + \lambda^4)} qa^2 \qquad (1\text{-}37)$$

$$M_{oy} = -\frac{\lambda^4}{12(1 + \lambda^4)} qb^2 \qquad (1\text{-}38)$$

一个由相互正交板条组成的开口网络结构与一个板相比，它们在结构特性方面的主要区别在于板条的边缘上存在有横向剪力。这种剪力是由于各单个板条间的连续性所引起，它产生了板的抗扭刚度，而这种抗扭刚度又使得板结构的挠度小于由相互正交板条组成的开口网络结构的挠度。因此，考虑板抗扭刚度的影响，Marcus 得出下列最大正弯矩的修正式：

$$M_x = \frac{\lambda^2}{24(1 + \lambda^4)} \left(1 - \frac{5}{18} \cdot \frac{\lambda^2}{1 + \lambda^4}\right) qb^2 \qquad (1\text{-}39)$$

$$M_y = \frac{\lambda^4}{24(1 + \lambda^4)} \left(1 - \frac{5}{18} \cdot \frac{\lambda^2}{1 + \lambda^4}\right) qb^2 \qquad (1\text{-}40)$$

由于 Marcus 采用正交梁的开口网络结构来代替整体板，忽略了板条边缘上存在横向剪力和泊松效应的影响，因此 Marcus 解与精确解相比存在一定误差。由于板结构的对称性，只需考察 $0 \leqslant \lambda \leqslant 1$ 时的情形即可，此时 M_{ox} 为最大弯矩。计算表明，误差随 λ 的增大而增大。当 $\lambda = 0.48$ 时，误差为 5%；当 $\lambda = 1$ 时，误差为 18.7%，如表

1-1 所示。根据工程计算要求，当 $0.48 \leqslant \lambda \leqslant 1$ 时，须对 Marcus 解进行修正。

表 1-1　四周固支板 M_{ox} 修正表

λ ($\lambda = a/b$)	$M_{ox}/(qa^2)$ (Marcus 解)	$M_{ox}/(qa^2)$ (精确解)	$[M_{ox}]/(qa^2)$ (修正解)
0.50	−0.078431	−0.0829	−0.082931
0.55	−0.076347	−0.0814	−0.081347
0.60	−0.073772	−0.0793	−0.079272
0.65	−0.070710	−0.0766	−0.076710
0.70	−0.067198	−0.0735	−0.073698
0.75	−0.063303	−0.0701	−0.070303
0.80	−0.059118	−0.0664	−0.066618
0.85	−0.054752	−0.0626	−0.062752
0.90	−0.050319	−0.0588	−0.058819
0.95	−0.045926	−0.0550	−0.054926
1.00	−0.041666	−0.0513	−0.051166

根据《计算方法》关于曲线拟合及插值的理论，采用高次函数曲线拟合或高次插值会出现不收敛和不稳定现象，故可采用在Marcus 简算式的基础上分段附加低次函数（低次函数可由直观经验或回归法确定）的办法进行拟合，保证弯矩的计算误差不超过 5%。

根据表 1-1 中 Marcus 解和精确解的计算结果，对 $0.48 \leqslant \lambda \leqslant 1$ 时的弯矩系数附加一次多项式 $-\dfrac{\lambda - 0.05}{100}$，则得修正后的表达式如下：

$$[M_{ox}] = \left(-\frac{1}{12(1 + \lambda^4)} - \frac{\lambda - 0.05}{100} \right)qa^2 \tag{1-41}$$

由表 1-1 可知，修正后的结果与精确解具有良好的拟合效果。必须指出的是，当 $\lambda < 0.48$ 时，Marcus 解的结果逐渐接近于梁公式 $M = -\dfrac{1}{12}qa^2$ 解答，误差小于 5%。事实上，随着 λ 的增大使用梁公式的误差也逐步增大，当 $\lambda = 0.6$ 时，误差达到 5%。基于工程要求，在

$\lambda < 0.6$ 范围内，可使用梁公式求解来压步距。

从误差分析来说，初次来压步距求解的相对误差是弯矩相对误差的一半，但两者相对误差的符号相反，即当弯矩比精确解大时，初次来压步距的求解结果小于精确解。

对于其他边界条件下的板结构，同理可证，只要弯矩相对误差小于5%，初次来压步距的求解误差也小于5%。

对于矩形采空区，在工作面推进过程中，面长 b 保持不变，故可将板结构内最大弯矩 M 表示成 $M = fqb^2$ 形式，其中 f 为弯矩系数。这样，四周固支条件下最大弯矩计算表达式可表示为：

$$M = M_{ox} = -\frac{\lambda^2}{12(1+\lambda^4)}qb^2, \quad 0 \leqslant \lambda < 0.48 \qquad (1\text{-}42)$$

$$M = [M_{ox}] = \left(-\frac{1}{12(1+\lambda^4)} - \frac{\lambda - 0.05}{100}\right)\lambda^2 qb^2,$$
$$0.48 \leqslant \lambda \leqslant 1 \qquad (1\text{-}43)$$

1.5.2 三边固支、一边简支板结构

三边固支、一边简支板结构如图 1-7 所示，由于工作面初次来压步距一般发生在 $0 \leqslant \lambda \leqslant 2$ 之间，故考察 $0 \leqslant \lambda \leqslant 2$ 之间的 M_{ox} 和 M_{oy}。

根据 Marcus 简算式的推导结果：

$$M_{ox} = -\frac{\lambda^2}{6(2+\lambda^4)}qb^2 \qquad (1\text{-}44)$$

$$M_{oy} = -\frac{\lambda^4}{8(2+\lambda^4)}qb^2 \qquad (1\text{-}45)$$

可知，当 $0 \leqslant \lambda < 1.0929$ 时，$M_{ox} > M_{oy}$，须考察 M_{ox}；当 $1.0929 \leqslant \lambda \leqslant 2$ 时，$M_{ox} < M_{oy}$，须考察 M_{oy}。

由表 1-2 分析可知，当用梁公式 $M = -\frac{1}{12}qa^2$ 时，与精确解的误差随 λ 的增大而增

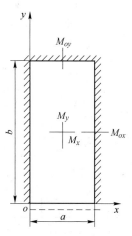

图 1-7 三边固支、一边简支板

大。基于误差不超过5%的要求，当$\lambda < 0.66$时使用梁公式是可行的。对于Marcus解，M_{ox}的误差随λ的增大而增大，当$\lambda < 0.5$时，M_{ox}收敛于精确解，误差小于5%；M_{oy}的误差随λ的增大而减小，当$\lambda > 1.54$时，M_{oy}收敛于精确解，误差小于5%。三边固支、一边简支板M_{oy}修正值，见表1-3。修正后的最大弯矩结果为：

$$M = -\frac{\lambda^2}{6(2+\lambda^4)}qb^2, \quad 0 \leqslant \lambda < 0.5 \tag{1-46}$$

$$M = \left(-\frac{1}{6(2+\lambda^4)} - 0.003\right)\lambda^2 qb^2, \quad 0.5 \leqslant \lambda < 0.875 \tag{1-47}$$

$$M = \left(-\frac{1}{6(2+\lambda^4)} - 0.003 - 0.0001\left(\frac{\lambda - 0.8}{0.0472}\right)^2\right)\lambda^2 qb^2,$$
$$0.875 \leqslant \lambda \leqslant 1 \tag{1-48}$$

$$M = \left(-\frac{\lambda^2}{6(2+\lambda^4)} - 0.003 - 0.0001\left(\frac{\lambda - 0.8}{0.0472}\right)^2\right)qb^2,$$
$$1 < \lambda < 1.0929 \tag{1-49}$$

$$M = \left(-\frac{\lambda^4}{8(2+\lambda^4)} - 0.0018 - 0.0001\left(\frac{-0.4 + 1/\lambda}{0.05}\right)^2\right)qb^2,$$
$$1.0929 \leqslant \lambda \leqslant 1.54 \tag{1-50}$$

$$M = -\frac{\lambda^4}{8(2+\lambda^4)}qb^2, \quad 1.54 < \lambda \leqslant 2 \tag{1-51}$$

表1-2   三边固支、一边简支板M_{ox}修正表

λ $(\lambda = a/b)$	$\lambda \leqslant 1, M_{ox}/(qa^2)$ $\lambda \geqslant 1, M_{ox}/(qb^2)$ （Marcus解）	$\lambda \leqslant 1, M_{ox}/(qa^2)$ $\lambda \geqslant 1, M_{ox}/(qb^2)$ （精确解）	$\lambda \leqslant 1, [M_{ox}]/(qa^2)$ $\lambda \geqslant 1, [M_{ox}]/(qb^2)$ （修正解）
0.50	-0.80808	-0.0836	-0.083808
0.55	-0.079687	-0.0827	-0.082687
0.60	-0.078261	-0.0814	-0.081261
0.65	-0.076505	-0.0796	-0.079505
0.70	-0.074401	-0.0774	-0.077401
0.75	-0.071950	-0.0750	-0.074950
0.80	-0.069167	-0.0722	-0.072167
0.85	-0.066084	-0.0693	-0.069084
0.90	-0.062748	-0.0663	-0.066197
0.95	-0.059217	-0.0631	-0.063226
1.00	-0.055555	-0.0600	-0.060351
1.05263	-0.057214	-0.0629	-0.063078

表 1-3 三边固支、一边简支板 M_{oy} 修正表

$1/\lambda$ ($\lambda = a/b$)	$M_{oy}/(qb^2)$ （Marcus 解）	$M_{oy}/(qb^2)$ （精确解）	$[M_{oy}]/(qb^2)$ （修正解）
0.50	−0.11111	−0.115	−0.11111
0.55	−0.10566	−0.109	−0.10566
0.60	−0.099269	−0.103	−0.099269
0.65	−0.092114	−0.0970	−0.096414
0.70	−0.084448	−0.0903	−0.089848
0.75	−0.076555	−0.0837	−0.083255
0.80	−0.068711	−0.0772	−0.076911
0.85	−0.061154	−0.0711	−0.071054
0.90	−0.054061	−0.0653	−0.065861

1.5.3 邻边固支、邻边简支板结构

如图 1-8 所示，由于此类板结构的对称性，可只考察 $\lambda \leqslant 1$ 时的 M_{ox}。

根据 Marcus 简算式推导结果有：

$$M_{ox} = -\frac{1}{8(1 + \lambda^4)}qa^2$$

$$= -\frac{\lambda^2}{8(1 + \lambda^4)}qb^2 \quad (1\text{-}52)$$

由表 1-4 及精确解分析，使用梁公式 $M = -\frac{1}{8}qa^2$ 时，与精确解的误差随 λ 增大而增大。$\lambda < 0.49$ 时，误差小于 5%，使用梁公式是可行的。就 Marcus 简算式而言，$\lambda = 1$ 时，误差最大为 7.7%。M_{ox} 的误差随 λ 的增大而增大，当 $\lambda < 0.85$ 时，M_{ox} 收敛于精确解，误差小于 5%。修正后的最大弯矩结果为：

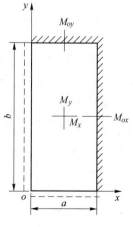

图 1-8 邻边固支、
邻边简支板

$$M = -\frac{\lambda^2}{8(1+\lambda^4)}qb^2, \quad 0 \leqslant \lambda < 0.85 \tag{1-53}$$

$$M = \left(-\frac{1}{8(1+\lambda^4)} - 0.0008 - 0.0014\left(\frac{\lambda - 0.85}{0.05}\right)\right)\lambda^2 qb^2,$$
$$0.85 \leqslant \lambda \leqslant 1 \tag{1-54}$$

表 1-4 邻边固支、邻边简支板 M_{ox} 修正表

λ ($\lambda = a/b$)	$M_{ox}/(qa^2)$ (Marcus 解)	$M_{ox}/(qa^2)$ (精确解)	$[M_{ox}]/(qa^2)$ (修正解)
0.50	−0.11764	−0.118	−0.11764
0.55	−0.11452	−0.114	−0.11452
0.60	−0.11065	−0.110	−0.11065
0.65	−0.10606	−0.105	−0.10606
0.70	−0.10079	−0.0992	−0.10079
0.75	−0.094955	−0.0938	−0.094955
0.80	−0.088677	−0.0883	−0.088677
0.85	−0.082128	−0.0829	−0.082928
0.90	−0.075478	−0.0776	−0.077678
0.95	−0.068889	−0.0726	−0.072489
1.00	−0.062500	−0.0677	−0.067500

1.5.4 三边简支、一边固支板结构

板结构如图 1-9 所示，由精确解分析可知在 $0 \leqslant \lambda \leqslant 2$ 范围内 M_{ox} 一直为最大弯矩，故只考察 M_{ox}。

对于 Marcus 解，有：

$$M_{ox} = -\frac{5}{8(5+2\lambda^4)}qa^2$$
$$= -\frac{5\lambda^2}{8(5+2\lambda^4)}qb^2 \tag{1-55}$$

由表 1-5 分析可知，$\lambda < 0.55$ 时，使用梁公式 $M = -\frac{1}{8}qa^2$ 是可行的。在 $0 \leqslant \lambda < 0.7$ 和

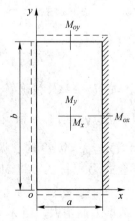

图 1-9 一边固支、
三边简支板

$1.0625 < \lambda < 1.29$ 范围内，M_{ox} 近似于精确解，误差小于 5%；修正后的最大弯矩计算公式为

$$M = -\frac{5\lambda^2}{8(5+2\lambda^4)}qb^2, \quad 0 \leqslant \lambda \leqslant 0.7 \text{ 或 } 1.0625 < \lambda < 1.29 \tag{1-56}$$

$$M = \left(-\frac{5}{8(5+2\lambda^4)} + 0.006\right)\lambda^2 qb^2, \quad 0.7 \leqslant \lambda \leqslant 1 \tag{1-57}$$

$$M = \left(-\frac{5\lambda^2}{8(5+2\lambda^4)} + 0.006\right)qb^2, \quad 1 < \lambda \leqslant 1.0625 \tag{1-58}$$

$$M = \left(-\frac{5\lambda^2}{8(5+2\lambda^4)} - 0.0075\left(1 + 0.35 \times \frac{0.75 - 1/\lambda}{0.05}\right)^2\right)qb^2,$$
$$1.29 \leqslant \lambda \leqslant 2 \tag{1-59}$$

表 1-5　一边固支、三边简支板 M_{ox} 修正表

λ ($\lambda=a/b$)	$1/\lambda$ ($\lambda=a/b$)	$\lambda \leqslant 1, M_{ox}/(qa^2)$ $\lambda \geqslant 1, M_{ox}/(qb^2)$ (Marcus 解)	$\lambda \leqslant 1, M_{ox}/(qa^2)$ $\lambda \geqslant 1, M_{ox}/(qb^2)$ (精确解)	$\lambda \leqslant 1, [M_{ox}]/(qa^2)$ $\lambda \geqslant 1, M_{ox}/(qb^2)$ (修正解)
0.50		-0.12195	-0.1212	-0.12195
0.55		-0.12058	-0.1187	-0.12058
0.60		-0.11883	-0.1158	-0.11883
0.65		-0.11666	-0.1124	-0.11666
0.70		-0.11404	-0.1087	-0.10804
0.75		-0.11095	-0.1048	-0.10495
0.80		-0.10740	-0.1007	-0.10140
0.85		-0.10340	-0.09650	-0.97408
0.90		-0.099014	-0.09220	-0.093014
0.95		0.094282	-0.08800	-0.088282
1.00		-0.089285	-0.08390	-0.083285
	1.00	-0.089285	-0.08390	-0.083285
	0.95	-0.092887	-0.08820	-0.086887
	0.90	-0.095871	-0.09260	-0.095871

λ ($\lambda = a/b$)	$1/\lambda$ ($\lambda = a/b$)	$\lambda \leqslant 1, M_{ox}/(qa^2)$ $\lambda \geqslant 1, M_{ox}/(qb^2)$ （Marcus 解）	$\lambda \leqslant 1, M_{ox}/(qa^2)$ $\lambda \geqslant 1, M_{ox}/(qb^2)$ （精确解）	$\lambda \leqslant 1, [M_{ox}]/(qa^2)$ $\lambda \geqslant 1, M_{ox}/(qb^2)$ （修正解）
	0.85	-0.097952	-0.09700	-0.097952
	0.80	-0.098814	-0.1014	-0.098814
	0.75	-0.098146	-0.1056	-0.10564
	0.70	-0.095688	-0.1096	-0.10935
	0.65	-0.091291	-0.1133	-0.11296
	0.60	-0.084969	-0.1166	-0.11648
	0.55	-0.076931	-0.1193	-0.12013
	0.50	-0.067567	-0.1215	-0.12428

1.5.5 对边简支、对边固支板结构

板结构如图 1-10 所示，由精确解分析可知在 $0 \leqslant \lambda \leqslant 2$ 范围内 M_{ox} 一直为最大弯矩，故只考察 M_{ox}。

由表 1-6 分析可知，$\lambda < 0.77$ 时使用梁公式 $M = -\dfrac{1}{12}qa^2$ 是可行的。Marcus 简算式为：

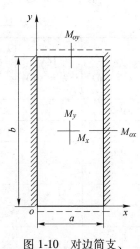

图 1-10　对边简支、
固支板

$$M_{ox} = -\frac{5}{12(5 + \lambda^4)}qa^2$$

$$= -\frac{5\lambda^2}{12(5 + \lambda^4)}qb^2 \quad (1\text{-}60)$$

当 $\lambda < 1.321$ 时，Marcus 简算式的 M_{ox} 收敛于精确解，误差小于 5%；当 $\lambda > 1.321$ 时，误差随 λ 的增大而增大，在 $\lambda = 2$ 时误差达 33%。修正后的板结构最大弯矩计算公式为：

$$M = -\frac{5\lambda^2}{12(5 + \lambda^4)}qb^2, \ 0 \leqslant \lambda < 1.321 \qquad (1\text{-}61)$$

$$M = \left(-\frac{5\lambda^2}{12(5 + \lambda^4)} - 0.0051 - 0.0034\left(1 + 0.55 \times \frac{0.7 - 1/\lambda}{0.05}\right)^2 \right) qb^2,$$

$$1.321 \leqslant \lambda \leqslant 2 \tag{1-62}$$

表1-6 对边简支、固支板 M_{ox} 修正表

λ ($\lambda = a/b$)	$1/\lambda$ ($\lambda = a/b$)	$\lambda \leqslant 1, M_{ox}/(qa^2)$ $\lambda \geqslant 1, M_{ox}/(qb^2)$ (Marcus 解)	$\lambda \leqslant 1, M_{ox}/(qa^2)$ $\lambda \geqslant 1, M_{ox}/(qb^2)$ (精确解)	$\lambda \leqslant 1, [M_{ox}]/(qa^2)$ $\lambda \geqslant 1, [M_{ox}]/(qb^2)$ (修正解)
0.50		-0.082304	-0.0843	-0.082304
0.55		-0.081835	-0.0840	-0.081835
0.60		-0.081227	-0.0834	-0.081227
0.65		-0.080460	-0.0826	-0.080460
0.70		-0.079515	-0.0814	-0.079515
0.75		-0.078373	-0.0799	-0.078373
0.80		-0.077023	-0.0782	-0.077023
0.85		-0.075445	-0.0763	-0.075455
0.90		-0.073666	-0.0743	-0.073666
0.95		0.071659	-0.0721	-0.071659
1.00		-0.069444	-0.0698	-0.069444
	1.00	-0.069444	-0.0698	-0.069444
	0.95	-0.074132	-0.0746	-0.074132
	0.90	-0.078845	-0.0797	-0.078845
	0.85	-0.083390	-0.0850	-0.083390
	0.80	-0.087489	-0.0904	-0.087489
	0.75	-0.090771	-0.0959	-0.096560
	0.70	-0.092781	-0.101	-0.10128
	0.65	-0.093019	-0.107	-0.10628
	0.60	-0.091019	-0.111	-0.11111
	0.55	-0.086476	-0.116	-0.11545
	0.50	-0.079365	-0.119	-0.11928

1.5.6　四周简支板结构

参见图 1-5 所示，老顶岩层四周断裂后可能形成的平衡关系就属于四周均处于简支条件下（靠水平力与摩擦力啮合的裂缝）板的稳定性问题，此时板中心弯矩最大，故考察 M_x 和 M_y。又由于板结构的对称性，只考察 $\lambda \leqslant 1$ 时的情况。

Marcus 简算式为：

$$M_x = \frac{\lambda^2}{8(1+\lambda^4)}\left(1 - \frac{5\lambda^2}{6(1+\lambda^4)}\right)qb^2 \tag{1-63}$$

$$M_y = \frac{\lambda^4}{8(1+\lambda^4)}\left(1 - \frac{5\lambda^2}{6(1+\lambda^4)}\right)qb^2 \tag{1-64}$$

由表 1-7 分析可知，对于 M_x 来说，$\lambda \leqslant \dfrac{1}{3}$ 时，使用梁公式 $M_x = \dfrac{1}{8}qa^2$ 进行运算是可行的。就 M_x 的 Marcus 简算式而言，在 $\lambda \leqslant 1$ 范围内，它与精确解有着良好的拟合度，无需修正。对于 M_y 的 Marcus 简算式结果，误差随 λ 的减小而增大。M_y 计算公式在 $0 \leqslant \lambda \leqslant 0.9$ 范围内需要修正，修正后的计算公式为：

$$[M_y] = 0, \quad 0 \leqslant \lambda < 0.3 \tag{1-65}$$

$$[M_y] = \left(\frac{\lambda^2}{8(1+\lambda^4)}\left(1 - \frac{5\lambda^2}{6(1+\lambda^4)}\right) - 0.0019 - 0.0007\left(\frac{0.8-\lambda}{0.05}\right)\right)\lambda^2 qb^2$$

$$0.3 \leqslant \lambda \leqslant 0.9 \tag{1-66}$$

然后按泊松比变化时的修正公式（1-11）、公式（1-12）计算最大弯矩 M 即可。M_x、M_y 修正见表 1-7。

表 1-7　四周简支板 M_x、M_y 修正表

λ ($\lambda = a/b$)	$M_x/(qa^2)$ (Marcus 解)	$M_x/(qa^2)$ (精确解)	$M_y/(qa^2)$ (Marcus 解)	$M_y/(qa^2)$ (精确解)	$[M_y]/(qa^2)$ (修正解)
0.00	0.12500	0.125	0.0000000	0.000000	0.000000
0.20	0.12064	0.125	0.0048258	0.000130	0.000000
0.25	0.11805	0.123	0.0073783	0.001480	0.000000

λ ($\lambda = a/b$)	$M_x/(qa^2)$ (Marcus 解)	$M_x/(qa^2)$ (精确解)	$M_y/(qa^2)$ (Marcus 解)	$M_y/(qa^2)$ (精确解)	$[M_y]/(qa^2)$ (修正解)
0.33	0.11245	0.117	0.012246	0.00520	0.003766
0.50	0.94579	0.0965	0.023644	0.0174	0.017544
0.55	0.088072	0.0892	0.026641	0.0210	0.021241
0.60	0.081269	0.0820	0.029257	0.0210	0.024557
0.65	0.074378	0.0750	0.031425	0.0242	0.027425
0.70	0.067608	0.0683	0.033127	0.0271	0.029827
0.75	0.061143	0.0620	0.034393	0.0296	0.031793
0.80	0.055125	0.0561	0.035280	0.0317	0.033380
0.85	0.049639	0.0506	0.035864	0.0334	0.034664
0.90	0.044714	0.0456	0.036218	0.0348	0.035718
0.95	0.040335	0.0410	0.036403	0.0358	0.036403
1.00	0.036458	0.0368	0.036458	0.0364	0.036458

本章 1.5.1 节 ~ 1.5.6 节经过对 6 种边界条件下板结构弯矩的修正及有关梁公式的探讨,最后可将用于计算初次来压步距的板结构内最大弯矩 M 的 6 组计算公式和有关梁公式的使用范围汇总于表 1-8 中。表中弯矩的求解误差不超过 5%,a 为工作面推进距,b 为面长,$\lambda = a/b$。表中有关板结构内最大弯矩 M 的修正了的 Marcus 算式即是编制用于求解初次来压步距的 "ESL-A" 程序的基础。

表 1-8 板结构弯矩计算公式表

序号	边界条件	修正了的 M 计算公式	梁公式及其适用范围
1	四周固支	$M = -\dfrac{1}{12(1+\lambda^4)} \cdot \lambda^2 q b^2,\ 0 \leqslant \lambda < 0.48$ $M = \left(-\dfrac{1}{12(1+\lambda^4)} - \dfrac{\lambda-0.05}{100}\right) \cdot \lambda^2 q b^2,\ 0.48 \leqslant \lambda \leqslant 1$	$M = -\dfrac{1}{12} qa^2,$ $\lambda < 0.6$

序号	边界条件	修正了的 M 计算公式	梁公式及其适用范围
2	三固一简	$M = -\dfrac{\lambda^2}{6(2+\lambda^4)} \cdot qb^2,\ 0 \leqslant \lambda < 0.5$ $M = \left(-\dfrac{1}{6(2+\lambda^4)} - 0.003\right) \cdot \lambda^2 qb^2,\ 0.5 \leqslant \lambda < 0.875$ $M = \left(-\dfrac{1}{6(2+\lambda^4)} - 0.003 - \left(\dfrac{\lambda-0.8}{0.0472}\right)^2 \times 0.0001\right) \cdot \lambda^2 qb^2,$ $0.875 \leqslant \lambda \leqslant 1.0$ $M = \left(-\dfrac{\lambda^2}{6(2+\lambda^4)} - 0.003 - \left(\dfrac{\lambda-0.8}{0.0472}\right)^2 \times 0.0001\right) \cdot qb^2,$ $1 < \lambda < 1.0929$ $M = \left(-\dfrac{\lambda^4}{8(2+\lambda^4)} - 0.0018 - \left(\dfrac{1/\lambda-0.40}{0.05}\right)^2 \times 0.0001\right)$ $\cdot qb^2,\ 1.0929 \leqslant \lambda \leqslant 1.54$ $M = -\dfrac{\lambda^4}{8(2+\lambda^4)} \cdot qb^2,\ 1.54 < \lambda \leqslant 2$	$M = -\dfrac{1}{12}qa^2,$ $\lambda < 0.66$
3	邻固邻简	$M = -\dfrac{\lambda^2}{8(1+\lambda^4)} \cdot qb^2,\ 0 \leqslant \lambda < 0.85$ $M = \left(-\dfrac{1}{8(1+\lambda^4)} - 0.0008 - \left(\dfrac{\lambda-0.85}{0.05}\right) \times 0.0014\right)$ $\cdot \lambda^2 qb^2,\ 0.85 \leqslant \lambda \leqslant 1$	$M = -\dfrac{1}{8}qa^2,$ $\lambda < 0.49$
4	一固三简	$M = -\dfrac{5\lambda^2}{8(5+2\lambda^4)} \cdot qb^2,$ $0 \leqslant \lambda < 0.7$ 或 $1.0625 < \lambda < 1.29$ $M = \left(-\dfrac{5}{8(5+2\lambda^4)} + 0.006\right) \cdot \lambda^2 qb^2,\ 0.7 \leqslant \lambda \leqslant 1$ $M = \left(-\dfrac{5\lambda^2}{8(5+2\lambda^4)} + 0.006\right) \cdot qb^2,\ 1 < \lambda \leqslant 1.0625$ $M = \left(-\dfrac{5\lambda^2}{8(5+2\lambda^4)} - 0.0075\left(1 + \dfrac{0.75-1/\lambda}{0.05} \times 0.35\right)^2\right)$ $\cdot qb^2,\ 1.29 \leqslant \lambda \leqslant 2$	$M = -\dfrac{1}{8}qa^2,$ $\lambda < 0.55$

续表1-8

序号	边界条件	修正了的 M 计算公式	梁公式及其适用范围
5	对固对简	$M = -\dfrac{5\lambda^2}{12(5+\lambda^4)} \cdot qb^2,\ 0 \le \lambda < 1.321$ $M = \left(-\dfrac{5\lambda^2}{12(5+\lambda^4)} - 0.0051 - 0.0034 \times\right.$ $\left. \left(1 + \dfrac{0.7-1/\lambda}{0.05} \times 0.55\right)^2\right) \cdot qb^2,\ 1.321 \le \lambda \le 2$	$M = -\dfrac{1}{12}qa^2,$ $\lambda < 0.77$
6	四边简支	$M_x = \dfrac{\lambda^2}{8(1+\lambda^4)}\left(1 - \dfrac{5\lambda^2}{6(1+\lambda^4)}\right) \cdot qb^2,\ 0 \le \lambda \le 1$ $M_y = 0,\ 0 \le \lambda < 0.3$ $M_y = \left(\dfrac{\lambda^2}{8(1+\lambda^4)} \cdot \left(1 - \dfrac{5\lambda^2}{6(1+\lambda^4)}\right) - 0.0019 - \right.$ $\left.\left(\dfrac{-\lambda+0.8}{0.05}\right) \times 0.0007\right) \cdot \lambda^2 qb^2,\ 0.3 \le \lambda \le 0.9$ $M_y = \dfrac{\lambda^4}{8(1+\lambda^4)}\left(1 - \dfrac{5\lambda^2}{6(1+\lambda^4)}\right) \cdot qb^2,\ 0.9 < \lambda \le 1$ $M = M_x + \mu M_y,\ 0 \le \lambda \le 1$	$M_x = \dfrac{1}{8}qa^2,$ $\lambda < \dfrac{1}{3}$

1.6 引进弹性基础边界的影响

前面论述了固支和简支条件下板结构模型最大弯矩的计算方法，但在煤体或直接顶比较松软且厚度较大时，这样简化了的边界条件与实际产生较大误差。夹持老顶的岩层（如煤体和直接顶）一般较老顶松软得多，则它们的剪切效应很小，可视为温克勒（Winkler）弹性基础。当老顶板结构长宽比较大时，可以应用梁结构模型计算。由于考虑老顶岩层在采空区的离层作用，仅取在采空区域悬空并受均布载荷且两端支撑在弹性基础上的老顶岩梁加以研究，得出如图1-11a所示的力学模型。

一般情况下，老顶在初次来压前两端支承于实体煤上较为常见，因此老顶岩梁假设为弹性地基上部分采空的无限长梁。由于模型的对称性，取如图1-11b所示的结构进行分析。其中 M_1 为梁中间截面上

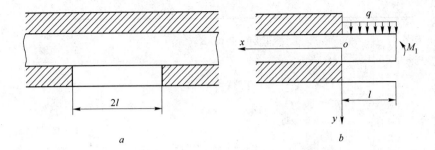

图 1-11 老顶弹性基础梁力学模型

的弯矩。由模型建立微分方程：

$$EIy_1^{(4)} = q, \ -l \leqslant x \leqslant 0 \tag{1-67}$$

$$EIy_2^{(4)} = -ky, \ 0 \leqslant x < \infty \tag{1-68}$$

式中　EI——老顶岩梁的刚度；

　　　k——夹层的刚度系数。

方程的通解为：

$$EIy_1 = \frac{1}{24}qx^4 + c_1x^3 + c_2x^2 + c_3x + c_4 \tag{1-69}$$

$$y_2 = e^{-\frac{\omega}{\sqrt{2}}x}\left[c_5\cos\frac{\omega}{\sqrt{2}}x + c_6\sin\frac{\omega}{\sqrt{2}}x\right] + e^{\frac{\omega}{\sqrt{2}}x}\left[c_7\cos\frac{\omega}{\sqrt{2}}x + c_8\sin\frac{\omega}{\sqrt{2}}x\right] \tag{1-70}$$

由 $x\to\infty$ 和 $x=-l$ 时边界条件及 $x=0$ 处连续条件可得出：

$$c_1 = \frac{1}{6}ql \tag{1-71}$$

$$c_2 = \frac{1}{4}ql^2 - \frac{1}{2}M_1 \tag{1-72}$$

$$c_3 = \frac{1}{6}ql^3 - M_1l \tag{1-73}$$

$$c_4 = EIc_5 = \frac{\sqrt{2}ql}{\omega^3} + \frac{ql^2}{2\omega^2} - \frac{M_1}{\omega^2} \tag{1-74}$$

$$c_5 = \frac{1}{EI\omega^2}\left(M_1 - \frac{1}{2}ql^2\right) \tag{1-75}$$

$$c_7 = c_8 = 0 \tag{1-76}$$

$$M_1 = \frac{\sqrt{2}\omega^2 l^2 + 6\omega l + 6\sqrt{2}}{6\omega l(2 + \sqrt{2}\omega l)} q l^2 \tag{1-77}$$

其中，$\omega = \sqrt[4]{\dfrac{k}{EI}}$，量纲为 $[L^{-1}]$。

对于初次来压步距计算，需要考察的是最大正弯矩 M_1 和绝对值最大的负弯矩 M_2。位于弹性基础梁上方的 M_2 及其位置 x_2 为：

$$
\begin{aligned}
x_2 &= \frac{\sqrt{2}}{\omega}\arctan\frac{1}{l^2\omega^2(M_1/ql^2 - 1/6)} \\
&= \frac{\sqrt{2}}{\omega}\arctan\frac{\sqrt{2}}{\sqrt{2} + l\omega - 2l\omega \cdot M_1/ql^2}
\end{aligned} \tag{1-78}
$$

$$
\begin{aligned}
M_2 &= -EIy_2''\big|_{x=x_2} \\
&= -\,\mathrm{e}^{-\frac{\omega}{\sqrt{2}}x_2}\left[\left(\frac{\sqrt{2}}{\omega l} + \frac{1}{2} - \frac{M_1}{ql^2}\right)\sin\frac{\omega}{\sqrt{2}}x_2 - \left(\frac{M_1}{ql^2} - \frac{1}{2}\right)\cos\frac{\omega}{\sqrt{2}}x_2\right] \cdot ql^2
\end{aligned} \tag{1-79}
$$

将弯矩写成 $M = f \cdot ql^2$ 形式，则分别对应于 M_1、M_2 的弯矩系数 f_1、f_2 及它们所在的位置 x_1、x_2 为：

$$f_1 = \frac{\sqrt{2}\omega^2 l^2 + 6\omega l + 6\sqrt{2}}{6\omega l(2 + \sqrt{2}\omega l)},\; x_1 = -l \tag{1-80}$$

$$f_2 = -\,\mathrm{e}^{-\frac{\omega}{\sqrt{2}}x_2}\left[\left(\frac{\sqrt{2}}{\omega l} + \frac{1}{2} - f_1\right)\sin\frac{\omega}{\sqrt{2}}x_2 + \left(\frac{1}{2} - f_1\right)\cos\frac{\omega}{\sqrt{2}}x_2\right]$$

$$x_2 = \frac{\sqrt{2}}{\omega}\arctan\frac{\sqrt{2}}{\sqrt{2} + \omega l - 2f_1\omega l} \tag{1-81}$$

引入弹性基础后，初次来压步距 A 与 f_1、f_2、x_2 皆有关。所以 A 的计算过程远比两端固支情况复杂。结合图 1-12 的计算结果可以得出，当 $\omega l > 4.875$ 时，$f_2 > f_1$，老顶在弹性基础内超前煤壁 x_2 处断裂，然后老顶在岩梁跨度中部断裂，此时初次来压步距为 $2l + x_2$。若 $\omega l = 4.875$，则老顶在超前煤壁 x_2 处和岩梁跨度中部同时出现断裂，初次来压步距为 $2l + x_2$。若 $\omega l < 4.875$，$f_2 < f_1$，则老顶首先在岩梁中部断

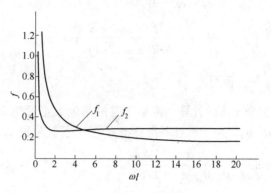

图 1-12 弯矩系数变化图

裂，随着断裂后 f_1 的下降，f_2 的上升，x_2 变化为 x_2'，当 f_2 也达到极限弯矩时，老顶在超前煤壁 x_2' 处断裂，初次来压步距为 $2l' + x_2'$。

为求解初次来压步距 A 与其他因素的关系，编写了"ESL-A"程序。记两端固支边界条件下老顶岩梁初次来压步距为 l_{ce}，则：

$$l_{ce} = \sqrt{\frac{12M_0}{q}} = h\sqrt{\frac{2\sigma_t}{q}} \qquad (1-82)$$

式中　M_0——老顶岩层的极限弯矩，$M_0 = \dfrac{\sigma_t h^2}{6}$。

计算机模拟计算表明，A 仅随 l_{ce} 和 ω 的变化而变化，并且步距系数 A/l_{ce} 与综合反映老顶岩层和夹层性质的指标 ωl_{ce} 这两个无量纲数之间的关系基本上不随其他条件的变化而变化，它们之间的关系参见图 1-13。由图可见，步距系数随着 ωl_{ce} 的变化而变化。当 $\omega l_{ce} \to 0$ 时，$A/l_{ce} \to \infty$；若 $\omega l_{ce} \to \infty$ 时，$A/l_{ce} \to 1$。图中 $\omega l_{ce} = 2.7$ 和 $\omega l_{ce} = 8.6$ 分别为曲线的转折点，当 $\omega l_{ce} < 2.7$ 或 $\omega l_{ce} > 8.6$ 时，A/l_{ce} 是 ωl_{ce} 的减函数；当 $2.7 < \omega l_{ce} < 8.6$ 时，A/l_{ce} 是 ωl_{ce} 的增函数。在 $\omega l_{ce} < 1.5$ 或 $7.0 < \omega l_{ce} < 15$ 范围内，$A/l_{ce} > 1.1$；在 $1.5 \le \omega l_{ce} \le 7.0$ 或 $\omega l_{ce} \ge 15$ 范围内，$0.9 \le A/l_{ce} \le 1.1$。

在影响 f_1、f_2、x_2 和 A 的诸因素中，l 为老顶岩梁的跨距之半，$l_{ce} = h\sqrt{\dfrac{2\sigma_t}{q}}$，$\omega = \sqrt[4]{\dfrac{k}{EI}}$。其中，关键问题是如何确定 k。夹层的整体

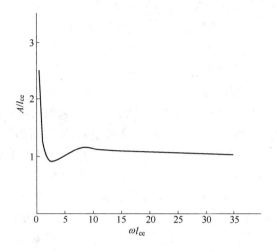

图 1-13　初次来压步距系数与岩层性质的关系

刚度系数 k 的确定是一个比较复杂的问题。k 值的确定不仅关系到弹性基础本身，而且基础处于地下围岩应力场中，所以又和基础所处的上、下岩层有关，可分为两种情况进行讨论。

第一种情况是老顶之上没有极厚极坚硬岩层，那么由于煤壁前方较大支撑压力的作用，老顶上方岩层将随着老顶的下沉而发生下沉，并不限制老顶的运动，此时 k 即为煤体、伪顶和直接顶的组合刚度系数。

$$\frac{1}{k} = \frac{1}{k_c} + \frac{1}{k_i} \tag{1-83}$$

式中　k_c——煤层和伪顶的刚度系数，$k_c = E_c / h_c$；

　　　k_i——直接顶的刚度系数，$k_i = E_i / h_i$。

由于煤体和泥岩等伪顶本身力学性质和受支撑压力作用，煤体和伪顶的弹性模量一般要比直接顶小得多，故一般情况下可取 $k \approx k_c$。由下述等式：

$$\omega l_{çe} = \sqrt[4]{\frac{k}{EI}} \cdot h \sqrt{\frac{2\sigma_t}{q}}, \ q = h\gamma, \ k \approx E_c / h_c, \ I = \frac{1}{12}h^3 \tag{1-84}$$

可以得出：

$$\omega l_{ce} = \sqrt{\frac{2\sigma_t}{\gamma}} \sqrt[4]{\frac{12}{E}} \sqrt[4]{\frac{E_c}{h \cdot h_c}} \qquad (1\text{-}85)$$

现场调研和计算分析表明，在我国煤矿生产地质条件下，若老顶之上没有极厚极坚硬的岩层，$\omega l_{ce} = 1.5 \sim 18.2$。由图 1-13 可知，当 $1.5 \leqslant \omega l_{ce} \leqslant 18.2$ 范围内，有 $0.9 \leqslant A/l_{ce} \leqslant 1.16$。当初次来压步距较小（如小于 65m）且 $0.9 \leqslant A/l_{ce} \leqslant 1.1$ 时，对采矿来说，将实体煤边界简化为固支边界条件求解步距 A 的精度是足够的。从徐州等矿区的调研结果看，一般情况下 ωl_{ce} 在 $2.5 \sim 5.0$ 之间，所以无需引入弹性基础边界修正初次来压步距的计算结果。在 $A \geqslant 65m$ 或 $7.0 < \omega l_{ce} < 15$ 的特殊情况下，需引入弹性基础边界计算初次来压步距。

第二种情况是老顶之上虽有一层不太厚的软弱岩层，但在这一层之上有极厚且极坚硬的岩层赋存，此坚硬岩层相对老顶产生的挠曲较小。那么当老顶挠曲程度较大时，就会伴随老顶之上软弱夹层应力的释放。此时有：

$$k = k_a + k_{ci} \qquad (1\text{-}86)$$

式中 k_a——老顶之上软弱夹层的刚度系数，$k_a = E_a/h_a$；

k_{ci}——老顶之下垫层的刚度系数。

当老顶之上软弱夹层厚度很薄甚至没有时，k_a 会很大。如大同矿区，老顶岩层之上一般有更厚（可达 $40 \sim 90m$）的整体坚硬岩层赋存，其间没有软弱夹层，并且老顶直接赋存于煤层之上，煤体强度和弹性模量 E_c 又较大，这样 k 就远比其他情况为大。此时，从定性上完全可以认为，将实体煤支撑边界当作固支处理可满足采矿工程的要求。

如果支撑基础应力得到释放（如松动爆破），此时不仅支撑基础的刚度系数大为降低，并且原岩应力场在一定程度上得到释放，k_a 也就不起什么作用。这种情况下 ωl_{ce} 一般小于 1.5，应引入弹性基础边界计算初次来压步距。

经过以上对夹层整体刚度系数的全面分析，有关初次来压步距的计算可以得出以下结论：

（1）若老顶之上没有极厚极坚硬岩层赋存，在初次来压步距小于 65m 时，一般情况下 ωl_{ce} 又在 $1.5 \leqslant \omega l_{ce} \leqslant 7.0$ 或 $\omega l_{ce} \geqslant 15$ 范围内，可将实体煤边界简化为固支来计算初次来压步距。在初次来压步距不小于 65m 或 $7.0 < \omega l_{ce} < 15$ 的特殊情况下，需引入弹性基础边界计算初次来压步距。

（2）若老顶之上直接赋存极厚、极坚硬的整体岩层（如大同矿区），并且煤体弹性模量又较大的情况下，ωl_{ce} 远比其他情况为大，此时可将边界条件简化为固支处理。

（3）若支承基础应力得到释放，此时 ωl_{ce} 一般小于 1.5，应引入弹性基础边界计算初次来压步距。

1.7 老顶初次来压步距计算方法及其应用

1.7.1 初次来压步距的程序计算法

基于板结构计算的 Marcus 简算式修正结果及弹性基础梁求解分析，为了快速、准确地求解分析老顶初次来压步距，编制了"ESL-A"程序。在应用板结构求解时需要输入表征老顶岩层力学性质的参数 σ_t、μ 及表征几何形状的参数面长 b 和老顶厚度 h。应用弹性基础梁求解时，需要输入的是 σ_t、h 和 ω。

程序的编制是基于下述基本思想。矩形采空区面长 b 在工作面推进过程是不变的，而跨距却在不断增大，这时无论板内最大弯矩还是弹性基础梁内最大弯矩 M 也不断增大，即 M 为推进距 a 的增函数。至于老顶本身却存在一极限弯矩 M_0，当 M 达到 M_0 时，老顶岩层发生断裂。因此，利用《计算方法》中二分法很容易求解 M 达到 M_0 时的跨距 a，即初次来压步距。一般说来，只要迭代 10 次左右，就可保证初次来压步距的计算误差小于 0.05m。

根据现场调研、模型实验和板结构计算机有限元模拟结果，边界条件简化为固支或简支的板结构在一定条件下，采场老顶会出现四周虽然断裂，但板中心弯矩仍未达到极限，并因此保持悬露状态而不跨落和来压。此时，工作面继续向前推进，工作面上方顶板多次发生断裂，直至板中央出现断裂，然后工作面产生来压。在此情况下，由于老顶四周边断裂后成为四周简支条件下的板结构，所以此时程序以四周简支板中心弯矩达到老顶极限弯矩时的跨距为初次来压步距。

求解初次来压步距的计算机程序框图如图 1-14 所示。

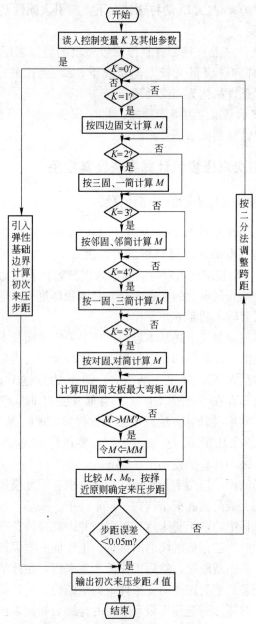

图 1-14 初次来压步距计算程序框图

1.7.2 老顶初次来压步距的实例计算效果

实例计算主要针对大同、徐州矿区进行。大同矿区顶板属坚硬难冒型，徐州矿区顶板的来压步距则较小，这两种情况具有一定的代表性。

大同矿区工作面初次来压步距的现场确定主要是根据支柱（或液压支架）上液压表压力值的大小及其变化，还有工作面宏观矿压显现和类似工作面的初次来压步距值。从工作面老顶岩层本身性质来说，老顶岩层既有可能整层一起活动，也有可能分层断裂、冒落，这取决于地质条件、顶板注水等因素，所以同一层煤产生初次来压的老顶可能有差别。大同矿区岩石力学性质见表1-9。

表1-9 顶板岩石力学性质

序 号	岩石特性	抗压强度/MPa	抗拉强度/MPa
1	砾 岩	36.4 ~ 54.9	3.8 ~ 4.0
2	砾岩注水		3.5
3	砂 岩	88.2 ~ 156.9	4.0 ~ 5.0
4	砂岩注水		2.85 ~ 3.85

注：砂、砾岩容重一般为 $25 kg/m^3$。弹性模量 $E = 2.2 \times 10^4 MPa$，泊松比 $\mu = 0.3$。

工作面顶板注水后，水和岩石之间产生吸附与吸收作用、水合作用、楔入作用和溶解作用，岩石强度必然会降低。

大同矿区初次来压步距的计算值和实际值参见表1-10。可见，板结构宽长比 $\lambda \leqslant 0.6$ 时，修正和不修正的计算结果与实际来压步距值的差别皆不大；当板结构宽长比 $\lambda > 0.6$ 时，直接使用不作任何修正的 Marcus 简算式进行计算，一般会产生较大误差，而修正后计算结果与实际来压步距比较接近，能获得满意结果。

徐州矿区老顶初次来压步距较小，并且煤层较为松软，但煤层和老顶厚度一般不大，ωl_{ce} 值在 2.5 ~ 5.0 之间，老顶岩体强度为5MPa左右。老顶初次来压步距计算值与实际值参见表1-11。由表中可见，在此情况下引入弹性基础边界计算和固支边界所得计算结果的相对误差皆不大。此外，由于实际来压步距值较小，固支边界所得计算结果的绝对误差在 0.8~2.8m 之间，完全可以满足采矿工程的需要。至于其他条件下是否需要引入弹性基础边界计算初次来压步距可参见本章第 1.6 节所述。

表 1-10　大同矿区初次来压步距计算表

工作面名称	边界条件	煤层厚度/m	工作面长度/m	老顶厚度/m	初次来压步距/m		
					实际值	Marcus 解	修正解
云岗矿 8401	四边固支	2.7	153	20	88	91.6	87.8
云岗矿 8143	四边固支	3.25	83	16	91.3	103.6	91.5
云岗矿 8145	三固一简	3.25	84	13.2	86	96.3	84.0
云岗矿 8154	邻固邻简	3.25	97	12	56	65.4	58.8
云岗矿 8307	三固一简	2.6~3.15	140	20.1	83.7	80.9	79.2
云岗矿 8305	四边固支	2.5~3.0	142	24	83.3	87.8	83.8
王村矿 8202	三固一简	2.6~3.2	130	22	92	130.0	91.6
白洞矿 8409	三固一简	2.25~3.50	135	9.35	60	59.5	59.5
四老沟矿 86011	三固一简	3.84	100	24	120.5	137.4	123.3
四老沟矿 86013	四边固支	3.84	104	24	122	132.6	117.8
四老沟矿 8203	四边固支	2.38	110	20.5	102.3	122.9	99.7
四老沟矿 8207	三固一简	1.75~4.6	150	46.18	159.7	186.7	165.0
四老沟矿 8209	三固一简	1.75~4.6	150	46.18	144.8	171.6	148.7
晋华宫矿 8317	三固一简	2.9~3.3	84	10.5	85	96.6	84.3
晋华宫矿 8311	三固一简	2.2~2.85	148	19.53	90	91.6	89.6
晋华宫矿 8106	三固一简	2.40	136	18.78	81.6	83.3	81.5
晋华宫矿 8117	三固一简	2.35	144	28.72	134.3	162.8	136.2
晋华宫矿 8602	四边固支	3.48~4.62	90	11	80	100.7	81.8
晋华宫矿 81008	三固一简	2.5~3.7	100	14.3	100	115.0	100.4
同家梁矿 8302	三固一简	2.4~3.4	114	18	82	118.0	83.6
同家梁矿 8304	三固一简	4.09	152	18	78	79.5	77.9
同家梁矿 8702	三固一简	3.24	130	15	73	73.0	71.5
同家梁矿 8302	四边固支	2.0~2.4	186	15	70	72.0	72.0
同家梁矿 8602	四边固支	2.0~2.4	160	13.8	70	69.6	69.6

续表 1-10

工作面名称	边界条件	煤层厚度/m	工作面长度/m	老顶厚度/m	初次来压步距/m		
					实际值	Marcus 解	修正解
雁崖矿 81404	四边固支	2.75~2.90	117	25	133	145.7	128.8
雁崖矿 81410	四边固支	2.8~3.1	100	12	68	86.6	69.8
雁崖矿 8911	邻固邻简	2.75~3.30	80	6	40	46.2	43.5
雁崖矿 8903	四边固支	2.05~2.80	120	22.85	120	137.9	120.3
雁崖矿 8913	四边固支	4.1~4.6	110	30	106.7	125.7	108.6
雁崖矿 8711	三固一简	2.52	125	14.5	72.55	74.5	73.0

表 1-11 徐州矿区初次来压步距计算表

工作面名称	边界条件	煤层厚度/m	工作面长度/m	老顶厚度/m	初次来压步距/m		
					实际值	固支处理	弹性基础
张小楼矿 708	对固对简	2.15	100	4.10	39	39.8	38.9
义安矿 7103	三固一简	2.09	140	4.0	39	39.9	39.1
垞城矿 704	四边固支	3.40	97	4.0	40.5	43.1	40.5
垞城矿 706	三固一简	3.20	62	3.9	31	32.3	31.3
夹河矿 7417	三固一自由	2.80	105	2.79	26	28.0	25.7

1.7.3 计算初次来压步距的工程图示法

如果计算者没有配备 "ESL-A" 程序，则可用查曲线图的方法得出初次来压步距值。

在未引入弹性基础边界时，采场老顶板结构一般可分为如图 1-15 所示的 5 类（1~5），而第 6 类则为四周破断后老顶板结构中心的最大弯矩系数。运用 "ESL-A" 程序对这 6 类边界条件下板结构中用于计算初次来压步距的弯矩系数 f_i 进行计算。由于 $f_i = M_i/qb^2 = f(\lambda)$，$f_i$ 仅随 λ 的变化而变化，则可在图 1-15 的 f-λ 坐标系中画出 f_i 随 λ 变化的曲线图，其中泊松比 μ 取 0.3。

引入弹性基础边界后，老顶的初次来压步距由采空区岩梁的跨度 $2l$ 和断裂超前煤壁的距离 x_2 两部分构成，所以步距与老顶和夹层的

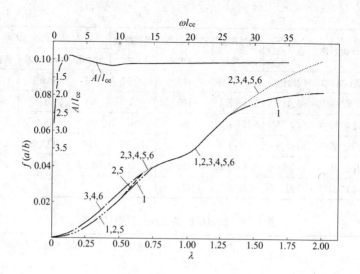

图 1-15   初次来压步距的工程计算图

1—四边固支；2—三固一简；3—临固临简；4—一固三简；

5—对固对简；6—四周简支

性质皆有关。但在老顶和夹层性质变化的情况下，A/l_{ce} 与 ωl_{ce} 两者的关系基本保持不变，则可在图 1-13 的 A/l_{ce}-ωl_{ce} 坐标中画出 A/l_{ce} 随 ωl_{ce} 变化的曲线图。

根据图 1-15 即可由采场顶板实际情况求得初次来压步距 A。

若边界条件被简化为固支和简支，由采场老顶实际情况可算出老顶的极限弯矩系数 f_{it}。

$$f_{it} = \frac{M_{it}}{qb^2} = \frac{\sigma_t h^2}{6qb^2} \tag{1-87}$$

式中 M_{it}——老顶岩层所能承受的极限弯矩，MN·m；

σ_t——老顶岩层的抗拉强度，MPa；

h——老顶岩层的厚度，m；

q——老顶岩层所承受的载荷，MPa；

b——工作面长度，m。

根据 f_{it} 值在图 1-15 中查相应的 f_i 曲线，即能查得 λ 达到何值时，

$f_i = f_{it}$，此时有 $\lambda = \lambda_t$。根据 λ_t 可求得老顶的初次来压步距 $A = \lambda_t \cdot b$。至于引入弹性基础边界后的初次来压步距可先求得将实体煤支承简化为固支边界时的初次来压步距 l_{ce}，然后再求出 ωl_{ce}。

$$\omega = \sqrt[4]{\frac{K}{EI}} \qquad (1-88)$$

式中　K——夹层的整体刚度系数，GPa/m；

　　　E——老顶岩层的弹性模量，GPa；

　　　I——老顶岩梁单位宽度的截面模量，m^3。

根据 ωl_{ce} 值在图 1-15 中查 A/l_{ce} 曲线，可得与 ωl_{ce} 相应的 A/l_{ce} 值。老顶初次来压步距 $A = (A/l_{ce}) \cdot l_{ce}$。

1.8 板结构初次来压步距影响因素分析

1.8.1 周边支承条件的影响

参见图 1-15。四周固支条件和其他情况差别较大些，但在 $0.755 < \lambda < 1.32$ 范围内按四周简支条件计算初次来压步距。三固一简和对固对简的初次来压步距计算相同，它们在 $0 < \lambda < 0.775$ 时弯矩系数略大于四周固支情况，而在 $\lambda > 0.685$ 后按四周简支条件计算初次来压步距。邻固邻简和一固三简的初次来压步距计算完全相同，皆是按四周简支条件进行计算。

1.8.2 工作面长度对初次来压步距的影响

决定板结构初次来压步距的因素有面长 b、载荷 q、泊松比 μ（一般可取 0.3）以及老顶岩层的极限弯矩 M_{it}。若考察 A/l_{ce} 和 b/l_{ce} 的关系，经过计算模拟表明，在 M_{it} 和 q 变化的情况下，两者关系仍然不变。以四周固支条件为例，计算机模拟的结果如图 1-16 所示。

由图可见，当选择面长 $b < 1.05l_{ce}$ 时，初次来压步距值一般很大，可以超过面长数倍，甚至在工作面推进过程中一直不发生来压现象。大同矿区同家梁矿就出现过工作面推完之后未有来压的情况。

若 $1.05l_{ce} < b < 1.6l_{ce}$，面长 b 的改变会对初次来压步距值产生显著的影响。从边界条件对步距影响的分析表明，在 $0.755 < \lambda < 1.32$

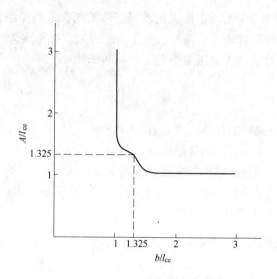

图 1-16   面长 b 和步距 A 的关系

范围内时，各种边界条件下板结构来压步距皆按四周简支条件进行计算。因而无论何种边界条件，只要 b 选择在 $1.325l_{ce}$ 附近时就会产生见方来压现象。如大同矿区老顶厚度 $h = 12 \sim 30\mathrm{m}$，$\sigma_t = 4\mathrm{MPa}$，$\gamma = 0.025\mathrm{MN/m^3}$，则：

$$q = h \cdot \gamma = 0.3 \sim 0.75\mathrm{MN/m^2} \tag{1-89}$$

$$l_{ce} = h\sqrt{\frac{2\sigma_t}{q}} = 62 \sim 98\mathrm{m} \tag{1-90}$$

$$1.325l_{ce} = 82 \sim 130\mathrm{m} \tag{1-91}$$

实际上，大同矿区许多工作面长度都选择在这一范围，因而只要条件对应，就会产生见方来压现象。

如果面长 $b > 1.6l_{ce}$ 时，面长变化对初次来压步距不会产生多大的影响，并且 A 趋近于 l_{ce}。如徐州矿区，老顶岩层 $h = 2.5 \sim 6\mathrm{m}$，σ_t 取较大值 $5\mathrm{MPa}$，$\gamma = 0.025\mathrm{MN/m^3}$，求得 $1.6l_{ce} = 50.6 \sim 78.4\mathrm{m}$。实际长壁工作面长度一般大于此值，所以面长 b 的变化不会对来压步距造成明显影响，并且也不会产生见方来压现象。

2 复杂条件下老顶初次来压的
相似模拟和现场实践

第 1 章详细论述了矩形采空区情况下老顶连续岩层初次来压步距的计算方法。鉴于现场影响老顶初次来压步距因素的多样性，如老顶呈梯形悬露或有断层赋存时，其破断形式将发生什么变化？初次来压步距从数值和内容上会出现何种改变？为了解决这些问题，本章采用相似材料模拟试验结合现场开采实践对此进行研究，着重研究梯形采空区形状对初次来压的影响及断层压茬关系和宏观位置的改变对初次来压的影响，从而加深对采场老顶初次来压的认识。

2.1 相似材料模拟的实验原理

相似材料模型属破坏机理模型，其实质就是用与原介质（如岩体）力学性质相似的材料按几何相似常数缩制成模型，并在模型上模拟各类工程（如采场与巷道），以观察和研究围岩运动及破坏等矿压现象。鉴于主要研究老顶岩层初次来压的形式和机理，因此模型全部制作成定性模型（亦称原理模型或机理模型）。

总的来说，模型实验具有直观性及全场给出全貌和破断过程的特点，并且具有重复性和验证性。事实上，采场老顶的研究是比较复杂的，它表现在回采空间、岩石力学性质、外在条件等方面的复杂性，但是在制作模型时，我们可以根据实际情况做一些合理的简化。根据岩层断裂前的离层现象，可取一层老顶进行研究，并认为老顶直接赋存于煤层之上。这样，既简化了相似材料模型的制作，又便于采动时的观测和破坏现象的描述。

根据模型和原型相似的要求，主要考察下述三个方面的相似问题。

2.1.1 几何相似

对应于原型各部分尺寸，模型应按相同比例缩小，模型线比取

150，则有：

长度相似常数　　　$\alpha_t = \dfrac{l_p}{l_m} = 150$ 　　　　　(2-1)

面积相似常数　　　$\alpha_A = \alpha_t^2 = \dfrac{l_p^2}{l_m^2} = 150^2$ 　　　(2-2)

体积相似常数　　　$\alpha_V = \alpha_t^3 = \dfrac{l_p^3}{l_m^3} = 150^3$ 　　　(2-3)

2.1.2　物理力学性质相似

在相似模拟实验中，老顶初次来压问题不仅涉及到弹性范围，而且也包括了破坏过程。因此对这两个方面都必须加以考察。

2.1.2.1　弹性范围内老顶的应力和变形

在弹性范围内，原型和模型都应满足平衡微分方程，并且考虑自重，得出相似指标为：

$$\frac{\alpha_\sigma}{\alpha_t \alpha_\gamma} = 1 \qquad (2-4)$$

式中，$\alpha_\sigma = \dfrac{\sigma_p}{\sigma_m}$，$\alpha_\gamma = \dfrac{\gamma_p}{\gamma_m}$。

根据原型和模型中应力应变曲线满足同一方程的要求，必须有相似指标：

$$\alpha_E = \alpha_\sigma \qquad (2-5)$$

式中，$\alpha_E = \dfrac{E_p}{E_m}$。

2.1.2.2　老顶的破坏过程

破坏问题涉及运动学，应当满足牛顿第二定律 $F = M \cdot a$，其相似指标为：

$$\frac{\alpha_m \alpha_a}{\alpha_F} = 1 \qquad (2-6)$$

相似判据为：

$$\frac{F_p}{M_p a_p} = \frac{F_m}{M_m a_m} = \Pi \qquad (2-7)$$

将 $M = \rho l^3$ 代入，并考虑到岩层移动与破坏问题中，a 可用重力加速度 g 来代替，则有：

$$\frac{F_p}{\rho_p g l_p^3} = \frac{F_m}{\rho_m g l_m^3} \qquad (2-8)$$

将 $\rho_p g = \gamma_p$、$\rho_m g = \gamma_m$、$\sigma_p = \frac{F_p}{l_p^2}$、$\sigma_m = \frac{F_m}{l_m^2}$ 代入，得到与弹性力学平衡微分方程中推出的完全一致的相似判据：

$$\frac{\sigma_p}{\gamma_p l_p} = \frac{\sigma_m}{\gamma_m l_m} \qquad (2-9)$$

综合以上所述，加之采用的模型为定性模型，故对 $\alpha_E = \alpha_\sigma$ 不做严格要求，但在相似材料的选择上考虑到采用与岩体力学特性相似的材料。至于选择模型材料的强度指标时，则按下列公式推算：

$$[\sigma_c]_m = \frac{l_m}{l_p} \cdot \frac{\gamma_m}{\gamma_p} \cdot [\sigma_c]_p \qquad (2-10)$$

$$[\sigma_t]_m = \frac{l_m}{l_p} \cdot \frac{\gamma_m}{\gamma_p} \cdot [\sigma_t]_p \qquad (2-11)$$

2.1.3　时间相似

时间相似常数 α_t 与几何相似常数的关系可从 $F = M \cdot a$ 求得，对于重力作用下的老顶破断和垮落过程，有：

$$a_p = a_m = g \qquad (2-12)$$

于是进一步可推得：

$$\alpha_t = \sqrt{\alpha_t} = \sqrt{150} = 12.25 \qquad (2-13)$$

由于随着工作面的推进，采场老顶悬露面积不断扩大，并不断地产生运动、变形。因而从这一意义上来说模型属动态模型。由于本书主要研究老顶的破断形式和来压现象，所以对时间相似可不做过严的要求。

2.2 模型制作及实验过程

2.2.1 边界条件及载荷模拟

对于实体煤支承的老顶边界采用 10cm 宽的支座和上部加压形成夹支边界；对于煤柱支承的老顶边界则采用 5cm 宽的支座并且上部不加压形成简支边界。同理，对于梯形采空区的倾斜边界条件可做类似处理，所不同的是其下部支座采用横跨于两基本支座的宽度为 5cm、厚度为 2cm 的钢板替代，对于夹支边界铺设两根，简支边界铺设一根即可。断层模型在模型铺好后，立即在老顶岩层中用刀切出，并且在切出的断层上放置云母片。

实验采用自重加载，模拟老顶岩层所承受的载荷。

2.2.2 实验装置及测试仪器

实验使用如图 2-1 所示的简易立体模型架，模型架长 250cm，宽 140cm，两侧边为 20cm 宽的支座用以模拟边界条件。模型采用底卸式开采，底片长 100cm，宽 6cm，材料为角钢。逐条拧动顶在底片上的螺栓，即可降下底片，模拟长壁工作面开采过程。

图 2-1   模拟试验用简易立体模型架

考虑到主要研究老顶初次来压，为了充分利用模型，将模型沿走向划分为如图 2-2 所示的 A、B 两个区域，A 区域模拟梯形采空区老

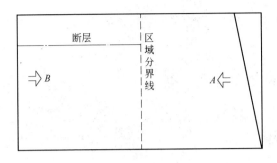

图 2-2　模拟试验模型布局

顶初次来压，B 区域模拟受断层影响的老顶初次来压。

如图 2-3、图 2-4 所示，观测仪器采用 YHD 型电阻式位移传感器配合函数记录仪，用以量测老顶岩层的位移，并进一步表征老顶岩层运动、破坏的先后顺序。此观察系统可连续记录岩层位移。

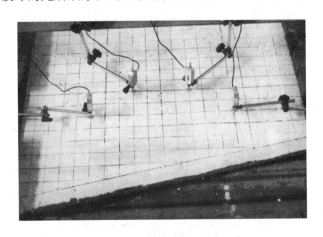

图 2-3　位移传感器布置

2.2.3　相似材料

试验共做三台模型，每台模型都铺设煤层和老顶岩层。各模型材料配比特征及具体用量参见表 2-1。由于采用石膏为主要胶结料时，相似材料的脆性与采场岩体较为接近，模拟的岩体强度变化范围可以

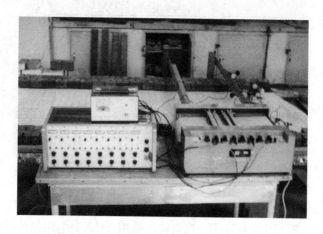

图 2-4　函数记录仪

较大，而且制作工艺简单、材料来源方便。因此，模拟试验中，老顶岩层相似材料采用砂子、石膏和碳酸钙，煤层相似材料采用砂子、石膏、煤粉和锯末。

表 2-1　模型材料用量表

模型编号	层厚 /cm	岩体类别	配比特征	相似材料用量/kg					水量 /kg	硼砂 /g
				砂子	石膏	碳酸钙	煤粉	锯末		
模型 I	2	煤层	15:2:3:1	50.0	6.66	0	10.0	3.3	17.5	87.5
	3	老顶	455	126.9	15.9	15.9	0	0	19.8	297.5
模型 II	2	煤层	15:1:3:1	52.5	3.50	0	10.5	3.50	17.5	87.5
	4	老顶	755	185.1	13.2	13.2	0	0	26.4	396.7
模型 III	2	煤层	16:0.5:3:1	54.6	1.71	0	10.2	3.41	17.5	0
	2	老顶	1155	97.0	4.44	4.44	0	0	13.2	198.3

注：煤层配比指的是砂子、石膏、煤粉、锯末的质量比，模型中煤层密度为 $1.25g/cm^3$，老顶密度为 $1.7g/cm^3$。

2.2.4　模型实验的一般过程

模型实验一般说来分为制作、准备和开采三个阶段。

在制作阶段，首先安置好模型架，然后将各相似材料按比例配置好，根据实验要求装入模型架中。模型制作好后，养护 5~6 天即可进行开采实验。

在实验前准备阶段，用墨线在模型表面弹好 5cm × 5cm 或 10cm × 10cm 的网格，加好固支或简支边界条件，对各位移计进行标定并布置妥当，最后对 X-Y 记录仪和位移计组成的测试系统进行调试，直至达到满意效果。

在模型养护达到要求，并且准备工作就绪后，即可进入模型开采阶段。在此阶段，一方面卸下底片进行回采，另一方面进行位移测试及来压现象的记录、素描和拍照等工作。

2.3 梯形边界对老顶初次破断和来压的影响

梯形边界条件下各开采模型的原始条件和矿山压力显现特征见表 2-2。

表 2-2 模型 A 实验特征

模型编号	老顶厚度/cm	材料抗拉强度/MPa	边界条件	梯形夹角/(°)	第一次塌落时推进距/cm	第二次塌落时推进距/cm	塌落方式
I A	3	0.065	梯形斜边简支	79.1	47	60	沿整个工作面出现塌落
II A	4	0.060	梯形斜边简支	72.3	90		沿整个工作面一次性塌落
III A	2	0.055	周边固支	63.4	38	62	沿工作面分段出现塌落

注：塌落时推进距以工作面上、下两端推进距的均值计算。

由图 2-5、图 2-6 所示的模型 I A 试验结果看，当工作面推进到 47cm 老顶发生破断时，首先出现裂缝的位置不是在工作面的中部，而是在工作面下部，然后裂缝迅速向上扩展，并产生沿整个工作面的初次塌落。此时工作面前方顶板亦已出现微裂缝。当工作面继续推进到 60cm 时，老顶发生第二次塌落，并且塌落的区域基本位于工作面的中、上部。由图 2-6 可以看出，由于梯形边界的存在，第二次塌落

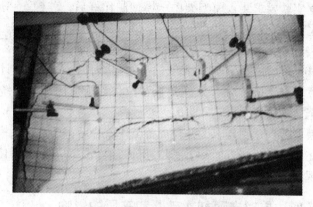

图 2-5 模型 I A 第一次破断

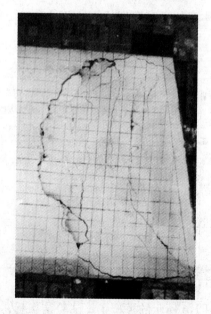

图 2-6 模型 I A 第二次破断

完成后，工作面下部的弧三角形结构明显大于工作面上部的弧三角形结构，而且比矩形采空区老顶破断形成的弧三角形大。破断图形呈现出非对称性，工作面下部区域的塌落范围大大滞后于工作面中部区域，使塌落区呈反"D"形。

从图 2-7 所示的模型 ⅡA 试验结果相片和图 2-8 所示老顶破断和来压过程看,当工作面推进到90cm时,在各支撑边界中部出现裂缝 I_1,然后裂缝向两侧延伸,并且板结构中心开始出现裂缝 I_2,然后梯形采空区上方的老顶板结构出现整体破断和来压。由于初次来压步距的增大,虽然和模型 ⅠA 一样,塌落范围出现非对称性,反"D"形仍然存在,但梯形边界对整个老顶破断和来压的影响程度减小。

图 2-7 模型ⅡA第一次破断

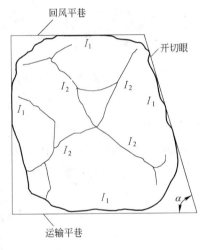

图 2-8 模型ⅡA的老顶破断
和来压过程

I_1、I_2—老顶破断来压顺序

图 2-9a 所示的模型 ⅢA 试验结果相片和图 2-9b 所示老顶破断和来压过程表明,当工作面推进到 28cm 时,沿梯形边界的中、下部首先出现微小裂缝。在工作面推进过程中,工作面下部的下沉要比上部剧烈得多。工作面推进到 $l_1 = 38cm$ 时,工作面中、下部,切眼边界中、下部和下侧固支边界处都出现裂缝 I_1,并在工作面下部区域贯通,然后裂缝 I_2 迅速出现和贯通,中、下部区域老顶首先出现整体

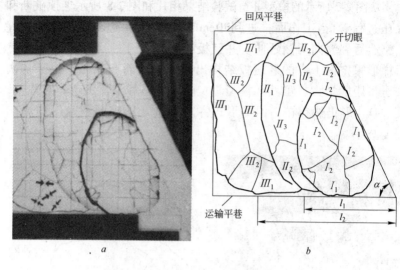

a　　　　　　　　　　　*b*

图 2-9　模型 ⅢA 的老顶破断和来压过程

（ I_i 、 II_i 和 III_i —老顶破断和来压顺序）

破断和来压，如图 2-10 所示。这样，工作面老顶的塌落和来压出现与前两个模型都不相同的显著变化，由整个工作面的整体塌落变成了

图 2-10　模型 ⅢA 第一次破断

工作面局部出现塌落和来压。当工作面推进至工作面与切眼下端的距离为 l_2 时，老顶板结构出现沿整个工作面的破断和来压，但工作面下端头的老顶弧三角形悬板结构明显大于上端头的老顶弧三角形悬板结构，且工作面上部区域与下部区域的老顶初次来压步距亦不相同，如图 2-11、图 2-12 所示。

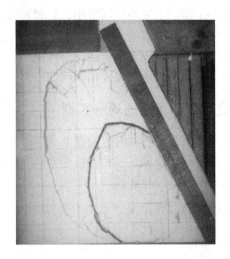

图 2-11　模型ⅢA 第二次破断（俯视）

图 2-12　模型ⅢA 第二次破断（侧视）

综上所述，由于梯形边界的存在，工作面矿山压力显现特征呈现出与矩形采空区不同的特性。从破断过程看，工作面中、下部首先出现裂缝，然后向上扩展，形成老顶岩块的塌落。甚至出现工作面下部区域首先塌落的现象，造成工作面初次来压的多次性，从而在工作面上部和下部区域出现不同的初次来压步距。分段来压的出现避免了整个工作面同时产生初次来压，有助于减缓工作面的矿山压力显现。整个工作面老顶初次来压的塌落范围基本呈现反"D"形，弧三角区域变大，破断线位于工作面上方的长度变小，有利于减小工作面的初次来压范围，使工作面更多区域处于弧三角形结构的保护之下。从各模型的原始条件和塌落情况看，老顶岩层垮落步距小、梯形边界调斜程度大，那么与矩形采空区来压显现的相异性就较大。

2.4　梯形采空区老顶破断的现场实例

由于大断层和开采边界的限制或控制老顶来压的需要，长壁工作面开切眼被设计成斜交于回风平巷和运输平巷，进而在开采过程中形成梯形采空区及其上的老顶悬板结构。

2.4.1　现场实例

2.4.1.1　夹河7611、7613梯形采空区老顶破断来压情况

7611、7613工作面都为高档普采面，其工作面布置如图2-13所示。两工作面未采前，四周皆为实体煤。工作面开采的煤层为7号煤层，厚度2.2m，老顶为1.6～2.4m的砂岩。

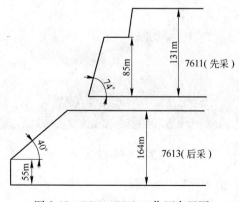

图 2-13　7611、7613 工作面布置图

7613 工作面从工作面推进距离达 18m 开始出现初次来压，而 7611 工作面从工作面推进距离达 22m 开始出现初次来压。初次来压过程中，7613 工作面矿压显现较为明显，首先在工作面下部出现增压，接着工作面下部有 40 余棚（棚距 0.55m）支架受顶板剧烈运动的影响被推向煤壁方向，然后在工作面推进过程中来压逐步向工作面上部移动。7611 工作面的来压过程和 7613 工作面相似，来压也是从工作面下部开始，然后逐步向上发展，但没有 7613 工作面明显。

2.4.1.2　枣庄煤矿工作面调采实践

62161 和 62162 工作面为炮采工作面，开始阶段 62162 工作面超前 62161 工作面 50m 开采，初次来压后两工作面在沿走向的同一位置共同推进。采面布置和来压过程如图 2-14 所示。

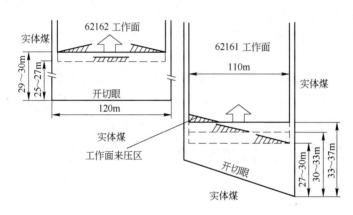

图 2-14　62161 和 62162 工作面布置和来压过程

根据工作面观测表明，6～8m 厚的石灰岩直接赋存于煤层之上，并被层理分为上位岩层（5～6m）和下位岩层（1～2m），岩体抗拉强度为 2.82MPa。由于作为老顶的上位岩层厚度较大，在断裂时往往给工作面带来较强烈的来压现象，并迫使下位岩层破断、冒落，给工作面安全带来极大的威胁。

62161 工作面在开采过程中采用调采方法，属梯形采空区。初次来压过程如图 2-14 所示，整个来压过程明显地表现出由上向下缓慢移动的特点，来压历时 10 天，但强度并不强烈，保证了工作面的安全生产。

62162 工作面不采用调采，属矩形采空区，且采空区四周皆为实体煤，其初次来压过程如图 2-14 所示。此时顶板初次来压由工作面中部首先产生，然后向两侧移动，来压的扩展速度比采用调采的工作面要快，来压历时 5 天。

2.4.2　实例分析

由现场实例情况可以看到，和模拟试验结果一样，梯形采空区顶板破断规律有别于矩形采空区。梯形采空区在悬空跨距大的一端首先发生一定范围的破断冒落和来压，并且随工作面向前推进以较缓慢的速度向悬空跨距小的一端扩展，使初次来压的持续时间增长，最后完成沿整个工作面的来压。

从顶板管理角度来说，全工作面来压变成为沿工作面一定长度的局部来压交替，顶板来压强度得到改善。从现场实例看，夹河 7 号煤层及枣庄 16 号煤层老顶强度不高，来压步距不大，因而在梯形采空区条件下都产生了明显有别于矩形采空区老顶矿压显现的结果。

2.5　断层对老顶初次破断和来压的影响

2.5.1　断层概述

自然界断层种类繁多，规模不等。除一般常见延长数米至数千米的中、小型断层外，还有许多大型、巨型的断层，有人称之为深断裂、大断裂。就断层面来说，有的是比较规整、分割两侧地块的破裂平面，也有的是一个宽窄不等的变动破碎带。由于大断层一般作为井田或采区边界，不会出现在采场中。另外，若断层面为破碎带时，两侧断盘彼此独立运动，在力学上互不相关。故本书研究的是断层面为破裂平面或很窄破碎带并且断层横贯初次来压前整个采空区的中、小型断层。

从反映两侧板块的相对运动及与断层面的关系来说，断层可分为正断层、逆断层、平推断层。从断层在采场宏观位置来说，有走向断层、倾向断层、斜交断层。这些情况的不同组合构成了老顶的不同运动方式，断层两侧老顶板块是否同时破断和垮落取决于老顶板块间力学关系。本文拟就断层对初次来压及其步距影响的典型情况进行模型试验，在此之后，再根据模型试验、现场实测和调研结果对断层两侧岩块的力学关系做进一步的定性分析。

2.5.2 模拟试验

具有断层的老顶破断和来压模拟试验特征见表 2-3。模拟试验结果表明，随着断层面倾向和断层在采场中位置的变化，工作面老顶初次来压及其步距呈现出不同的表现形式。

表 2-3 模型 B 试验原始条件及矿压显现特征

模型编号	老顶层厚/cm	材料抗拉强度/MPa	边界条件	上盘塌落时推进距/cm	下盘塌落时推进距/cm	塌落方式
模型 I B	3	6.5×10^{-2}		56	56	上、下盘一起塌落
模型 II B	4	6.0×10^{-2}		94	75	上、下盘不同步塌落
模型 III B	2	5.5×10^{-2}		45	45	上、下盘一起塌落

注：断层落差为零。

由图 2-15 所示的模型 I B 试验结果相片和图 2-16 所示老顶破断过程看，板块 A_1 位于断层 F_1 的上盘，板块 B_1 位与断层 F_1 的下盘。当工作面推进 56cm 时，首先在工作面中下部的板块 A_1 的边界中部区域出现裂缝 I_1，然后向两侧扩展，这时上部板块 B_1 还没有破断产生，并对中下部板块的运动起支承作用。随着中下部板块破断的扩展、下沉加剧，下部边界裂缝接近贯通。接着上部板块 B_1 由于自身和中下部板块 A_1 的荷载作用，周边开始出现裂缝 I_2 并贯通，然后各板块中心区域出现裂缝 I_3，整个采空区老顶迅速垮落。老顶的这一运动情形反映出断层两侧板块初次来压运动的相关性和初次

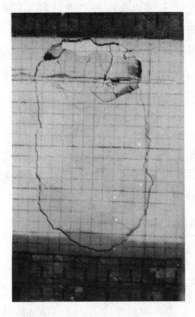 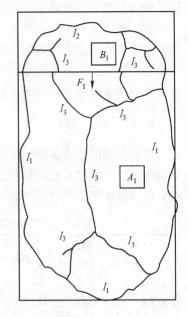

图 2-15　模型 I B 的破断形式　　　　图 2-16　模型 I B 的老顶
　　　　　　　　　　　　　　　　　　　　初次破断过程

来压步距的一致性，上部老顶板块在断层处边界条件表现为与中下部板块同步来压型。

　　如图 2-17、图 2-18 所示，板块 A_2 位于断层 F_{II} 的下盘，板块 B_2 位于断层 F_{II} 的上盘。对于模型 II B，当工作面推进 75cm 时，下部板块 A_2 的周边出现裂缝 II_1 并贯通，然后在板跨度中部出现裂缝 II_2 并发生垮落，但上部板块 B_2 仍保持悬露不垮。如图 2-19 所示，当工作面继续推进到 94cm 时，下部板块出现新的裂缝并发生第一次周期来压，接着上部板块周边出现裂缝并贯通和发生垮落。老顶的以上运动情形反映了断层两侧板块初次来压运动的分离性和初次来压步距的相异性，老顶板块在断层面上的边界条件皆为自由边界。

　　模型 III B 的试验结果如图 2-20 所示，在工作面起始推进过程中，左侧板块就不断下沉，此时右侧板块对左侧板块起着支撑作用。当工

图 2-17 模型ⅡB第一次破断

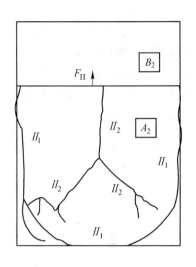

图 2-18 模型ⅡB的老顶
第一次破断过程

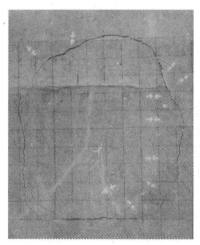

图 2-19 模型ⅡB第二次破断

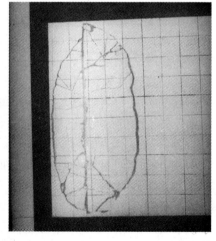

图 2-20 模型ⅢB的破断形式

作面推进38cm时，左侧板块在其左侧边界中部区域开始出现裂缝，当工作面推进45cm时，右侧板块出现裂缝，并且两侧板块裂缝皆贯通，然后整个采空区老顶发生垮落。由于断层两侧板块跨距相差不大及老顶咬合关系的作用，两侧顶板在下沉、形成裂缝过程中没有发生沿断层面分离和错开现象，并且初次来压仍然表现为沿整个工作面的来压，反映了两侧板块运动的一致性及工作面各区域初次来压步距的相同性。但由于破坏老顶整体性的倾向断层存在，老顶初次来压步距必然要比没有断层的整体板结构小。

2.5.3 具有断层的采场老顶运动分析

煤矿生产实践表明，采场经常或多或少地受到断层的影响。此时老顶板结构的破断和来压过程相对完整老顶板结构的来压规律可能存在重大差异。因此，全面分析断层切割条件下老顶来压规律和采取及时有效的控制措施是现场生产的需要。

由于断层的赋存，采场老顶被分成两个或多个板块，随着条件的变化，会出现不同的来压形式和初次来压步距。总的来说，影响两板块在断层面上力学关系的因素有落差、压茬关系和板块破断顺序。这里板块破断顺序是指断层面两侧板块哪个首先出现破断和发生跨落，它是由各板块本身的几何形状、边界条件和力学性质决定的。根据前述模型试验结果及现场情况，则可对板块在断层面上的力学关系做如下分析。

在断层面落差很小或接近于零的情况下，两板块在断层面上的力学关系可归纳于图 2-21 所示的几种情况。这里必须说明，板块的支撑型是指其他板块对该板块有支撑作用，若支撑作用较强，计算来压步距时可将该板块的断层边界当作简支边界处理。自由型是指其他板块不限制该板块的破断运动，并与该板块破断和来压不发生任何力学上的联系，计算步距时可将该板块的断层边界当作自由边界处理。一起塌落型是由于其他板块破断运动施加于该板块的作用力达到一定程度，促使该板块发生垮落（如模型ⅠB的上部板块）。事实上，板块是否一起塌落取决于板块本身性质及它所受作用力大小，可根据具体计算分析确定。挤压型则是指断层面上虽然支撑力较小，但是由于板块的回转运动而在块间产生较大的水平挤压力。

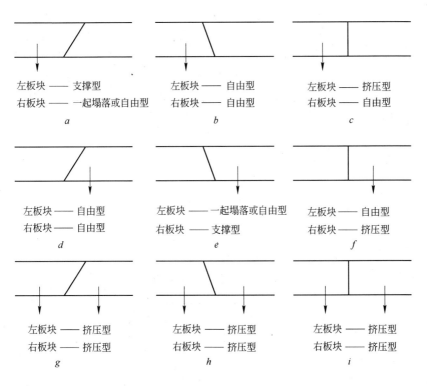

图 2-21 老顶板块间力学关系

(图中↓表示先发生破断运动)

在板块间存在落差的情况下，落差太大时工作面难以通过断层，所以太大落差的断层不会出现在采场中。断层面倾角较大的平推断层一般落差很小。对于和老顶板块接触的岩层来说，老顶之下的直接顶和煤体强度较低，并且先于老顶垮落，它们对于老顶板块的破断运动并不起支撑作用。老顶之上既有可能为软弱岩层，也有可能为类似老顶甚至比老顶垮落步距更大的岩层。若老顶之上为软弱岩层，并且该老顶板块先发生垮落，自然软弱岩层并不限制其他板块的运动。但当软弱岩层之下老顶不垮落，那么软弱岩层也会对相邻板块运动起作用。当老顶之上的岩层强度较高并且滞后于其他板块破断运动时，那么在压茬关系适合的条件下，它就会对其他板块运动发生挤压或支承，起到限制别的板块运动的作用。

如图 2-22 所示，在处于下方板块首先发生破断或断层面两侧板块近于同时运动的情况下，无论下方板块几何形状如何，该板块必为自由型。而处于上方的板块在软弱岩层与其接触的情况下为自由型（参见图 2-22），若与其接触的是比该板块垮距更大的岩层，则完全可参照图 2-21 所示结果对板块在断层面上力学关系做出分析。

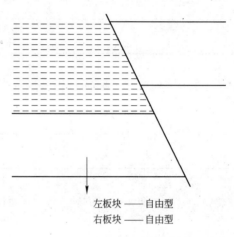

左板块 —— 自由型
右板块 —— 自由型

图 2-22 老顶板块间力学关系

当处于上方板块首先运动时，板块间的力学关系见图 2-23。如果左侧板块处于上方，事实上只不过是图 2-23 左、右板块位置的互换，亦可参照图 2-23 确定其断层面上的力学关系。

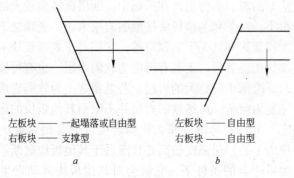

左板块 —— 一起塌落或自由型 左板块 —— 自由型
右板块 —— 支撑型   右板块 —— 自由型

a   *b*

图 2-23 老顶板块间力学关系

3 普采工作面矿山压力监测

矿山压力监测是一个较广泛的范畴。它凭借一套系统的方法和手段，不仅包括工作面老顶来压预测预报及其强度评判，而且还对工作面日常顶板动态和支护工作状态进行监测。在此基础上，及时提供有关矿山压力信息，提出顶板管理的合理措施和建议。

普采工作面矿山压力监测的成功实践是在徐州矿务集团夹河煤矿7417工作面。7号煤层是徐州矿务集团主采煤层之一，并且为顶板事故多发的煤层。据统计，7号煤层工作面发生的顶板事故占全集团的26%，其中伤亡事故占全集团的34%。例如，7301普采工作面推进60余米后，沿工作面长度方向的下部80m范围内直接顶冒落厚度仅为0.7~1.5m，上部40m范围内一直未出现冒顶，采空区顶板出现如图3-1所示的大面积悬顶。图3-2、图3-3和图3-4所示为7号煤层直接顶冒顶及其出现的安全隐患。

图 3-1 采空区顶板大面积悬顶

夹河煤矿7417工作面是7号煤层开采过程中顶、底板条件较为恶劣的工作面之一。该工作面底板松软，煤层之上还有极易冒

图 3-2   直接顶沿断层带大块垮落

图 3-3   直接顶沿节理面大块滑落

图 3-4   直接顶整体切落和顶板台阶

落、厚 1.3~1.6m 的砂质页岩和 0.35m 的 A 层煤赋存，造成日常顶板管理比较困难。另外，工作面内还有一条落差为 4m 的走向断层和一些小断层存在，这样更造成了工作面顶板的破碎和难以管理。

根据上述情况，为了避免过去工作面顶板管理单纯依靠经验及宏观现象的做法，并提高开采的经济效益和确保工作面安全、高效生产，完全有必要对 7417 工作面开展矿山压力监测工作。该工作面的监测方法和结果对于整个 7 号煤层的顶板管理都具有重要的指导意义和推广价值。

对于矿压理论来说，理论需得到实践的检验。随着矿压理论的发展、计算机的应用，从理论上分析老顶活动和计算预测初次来压步距、在实测上配备计算机处理数据的一整套现场监测顶板的方法已趋于成熟，需要在实践中得到进一步发展和推广应用。

3.1 工作面概况

7417 工作面位于西二采区，其布置情况见图 3-5。工作面内除所示断层外，还有许多破坏直接顶完整性的小断层赋存。工作面走向长度 810m，倾向长度 143m，埋深 497~502m。工作面上侧为 7415 工作面采空区，相隔煤柱 18m，下侧为 7419 工作面，尚未开始回采。

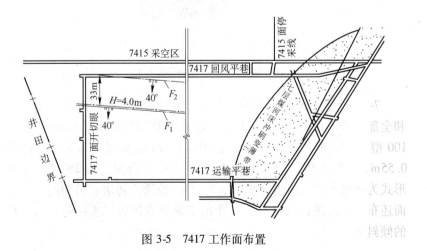

图 3-5 7417 工作面布置

开采煤层为 7 号煤层，平均倾角 4°，厚 2.80m，工作面岩性柱状图如图 3-6 所示。由现场比压测定情况看，切眼附近底板由于受风化等因素的影响而比较松软。

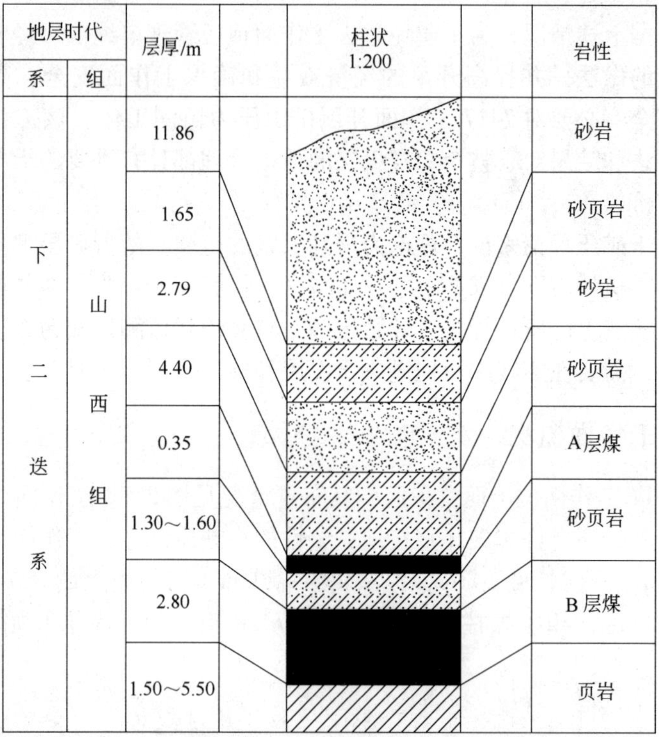

地层时代		层厚/m	柱状 1:200	岩性
系	组			
下 二 迭 系	山 西 组	11.86		砂岩
		1.65		砂页岩
		2.79		砂岩
		4.40		砂页岩
		0.35		A 层煤
		1.30~1.60		砂页岩
		2.80		B 层煤
		1.50~5.50		页岩

图 3-6 7417 工作面岩性柱状

7417 工作面属高档普采工作面，使用走向长壁后退式开采煤炭和全部垮落法管理顶板。工作面支护采用 DZ-22-30/100 和 DZ-25-25/100 型外注式单体液压支柱配合 HDJA-100 型金属铰接顶梁，柱距 0.55m，排距 1.0m。支柱初撑力为 117kN，工作阻力为 250kN。支护形式为齐梁齐柱正悬臂走向棚，3~5 排控顶。初次放顶期间，工作面还布置了沿倾斜方向 10m 一个的木垛和双排首尾相接的一梁二柱的倾斜架棚。

3.2　普采工作面矿压监测方法

3.2.1　老顶初次来压步距的计算预测

在现场实测预报初次来压之前，为了更好地进行现场监测工作，事先进行老顶板块运动分析及来压计算预测工作是必要的。由图 3-5 的夹河矿 7417 工作面布置图可见，工作面中部存在一条落差为 4m、倾角 40°、近似煤层走向的正断层 F_1，回风平巷煤柱附近也存在一条落差 1.4m、倾角 40°并且近似煤层走向的正断层 F_2，工作面倾向剖面图见图 3-7。

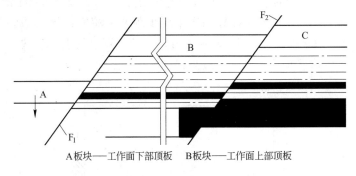

A板块——工作面下部顶板　　B板块——工作面上部顶板

图 3-7　采场顶板倾向剖面

采空区老顶受断层切割形成两个板块。由于工作面下部老顶板块 A 沿工作面方向的长度远大于上部老顶板块 B，所以 A 板块首先发生破断运动。根据第 2 章分析可知，与 A 板块在断层面上接触的砂页岩直接顶先于 A 板块发生垮落，并不限制它的运动，因此 A 板块在 F_1 断层面上的边界为自由型，其在断层面上的边界可作为自由边界处理。显然，B 板块处于 F_1 断层的下盘，其在 F_1 断层面上的边界亦可作为自由边界，而 B 板块在 F_2 断层面上的边界由于在断层面上受到支撑作用，计算时可作为简支边界处理。

根据以上分析可得知，采场顶板被 F_1 断层切割后，在断层面上丧失了力学上的联系，A 板块和 B 板块彼此独立运动。因此，工作面上、下两区域来压步距必然不同，呈现出分段来压的特征。

根据第 1 章的分析，对于 A 板块来说，由于板块沿工作面长达

105m，而一般情况下夹河矿 7 号煤层长壁工作面初次来压步距小于
35m，即板的长宽比可达 3，因此完全可以按照弹性基础梁进行计算。
运用 ESL-A 程序，算得初次来压步距为 25.7m，并且断裂超前煤壁距
离为 6.8m。如果对实体煤采取固支边界条件进行计算，同样运用
ESL-A 程序可算得初次来压步距为 28.0m，可见误差仅为 2.3m，对
采矿工程来说是完全允许的。

对于上部板块来说，由于板块沿工作面长度仅为 33m，A、B 两
板块沿铅垂方向错开的距离为 5m，所以不能使用弹性基础梁模型。
但由 A 板块计算来看，将实体煤当作固支边界条件误差不大，并且
在其他条件不变的情况下，相对误差总趋势是随着来压步距的增大而
减小的，因而对 B 板块计算初次来压步距亦可将实体煤作为固支边
界处理，力学模型见图3-8。对此力学模型求解，得上部板块初次来
压步距为 42.7m。

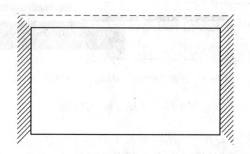

图 3-8   B 板块力学模型

综上所述，采场顶板分为两个板块彼此独立运动，使得工作
面呈现分段来压特性。工作面上部区域初次来压步距为 42.7m，
中、下部区域初次来压步距为 25.7m，在工作面推进到这两个步
距附近时，上、下两巷及工作面应分别加强监测。现场监测实践
表明，这些分析是完全符合 7417 工作面矿山压力显现实际情况
的。

3.2.2 老顶断裂引起反弹、压缩扰动的规律及其观测

采空区老顶在力学上可视为支承于 Winkler 弹性基础上的 Kirchhoff 弹性板。当工作面推进到板结构极限跨距时，老顶必然会在煤壁前方发生断裂，从而改变了老顶弯矩连续条件，断裂线上原有弯矩下降。由于老顶和直接顶、煤体的弹性，致使它们的界面出现波状挠曲变化，并引起断裂前方老顶的反弹和压缩现象。老顶反弹、压缩的分布规律如图 3-9 所示。当工作面中部断裂时，两巷反弹量小，反弹区却较大（图 3-9 中的点划线）。当端头老顶也断裂时，两巷反弹量增大，反弹区却变小（图 3-9 中的点线）。由图 3-9 还可以看出，由于板结构的断裂扩展过程和老顶破断位置位于工作面前方，所以从老顶断裂到来压有一个时间过程，为利用反弹、压缩预报老顶来压创造了一个时间方面的条件。

由以上分析可见，反弹、压缩信息的监测可用来预报老顶断裂与否和断裂位置。根据老顶运动分析可知，采场老顶分为两个板块彼此

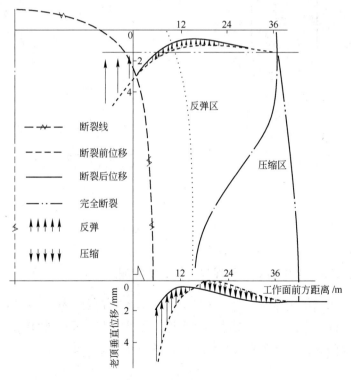

图 3-9 老顶断裂引起的反弹和压缩

独立运动，因此现场监测在两巷都布置了测点（参见图3-10）。每个测点采用如图3-11所示的带圆图压力自记仪的单体液压支柱来捕捉老顶的反弹和压缩信息。设置测站时，由于两巷底板松软和运输平巷高度较大，所以在两巷测站底板上皆铺垫料石以保证观测灵敏度，并且运输平巷测站的单体液压支柱上端增加了接长段。这样，圆图压力自记仪通过对单体支柱液压的观测，就成为一种稳定、可靠的顶板反弹和压缩量的放大器，能记录任何时刻由于老顶断裂引起的反弹、压缩信息。

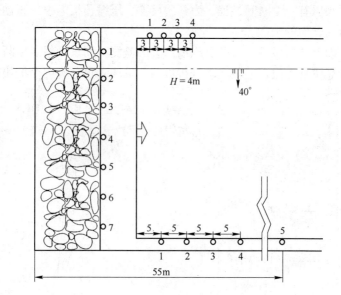

图 3-10   测站布置平面图

3.2.3   工作面矿压显现与支护系统监测

工作面矿压显现监测主要针对工作面宏观现象，包括煤壁片帮、顶板破碎、台阶下切、裂隙、淋水等。通过宏观矿压显现的记录一方面可反映支护系统对顶板是否适应，另一方面还可反映工作面来压特征。

支护系统监测包括支柱初撑力、工作阻力、钻底量抽查、支

图 3-11　两巷测站仪器设置

护系统刚度试验、支柱安全阀开启数和采高超限区域统计等。它和工作面宏观矿压显现结合，可分析判断工作面支护系统是否安全合理。

为了进一步从量值上连续反映工作面压力显现和支护系统工作状态及顶板动态，观测时还沿工作面切顶排每 20m 布置一个带圆图压力自记仪的单体液压支柱测站。如图 3-12 所示。

对于直接顶监测，跨距较大的直接顶（如 7417 工作面直接顶为厚 4.4m 的砂质页岩）也会产生一定程度的反弹，可以用来监测直接顶的断裂。直接顶冒落前往往表现出工作面该区域测压柱的增压，两者存在一定的对应关系。控制直接顶的积极途径是通过对工作面矿压显现和支护系统工作状态的监测来分析、判断工作面支护参数是否合理，并提出相应的建议和措施，以确保矿压监测对直接顶的管理控制作用。

图 3-12   工作面测站仪器布置示意图

3.2.4   矿压监测信息的处理

经老顶运动分析，以上全面论述了工作面矿压监测的内容和这些监测信息的获得方法，然后按照图 3-13 所示的矿压监测流程图对信息进行分析、处理，以便为工作面矿压控制提供决策依据并付诸实施。

矿压监测信息的处理皆由计算机来完成。整个监测系统包括信息源、信息指标、信息处理和决策依据四个部分。通过计算机程序既可对工作面宏观情况进行绘图分析和日常数据的常规处理，又可对测压表压力增量乃至其他信息进行主成分分析和聚类分析。以下就对这些数据处理方法逐一加以介绍。

3.2.4.1   工作面宏观情况绘图显示

利用计算机绘制的工作面宏观情况图，既显示支护装备和监测仪

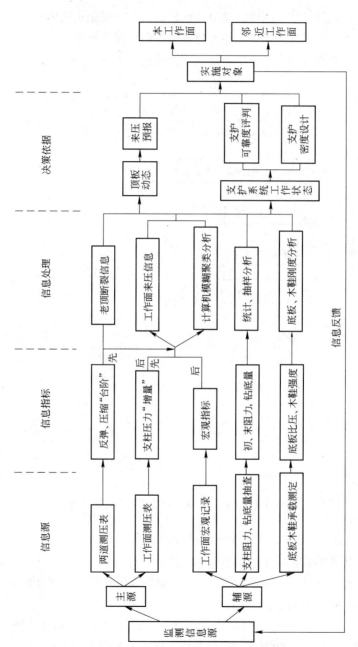

图 3-13 工作面矿压监测系统图

表的布置及工作面进程，又对顶板矿山压力显现做出描述。它使工作面生产实际情况直观化、图像化，附在测压简报上发布，对生产管理决策起着直接的指导作用。该程序框图见图3-14。

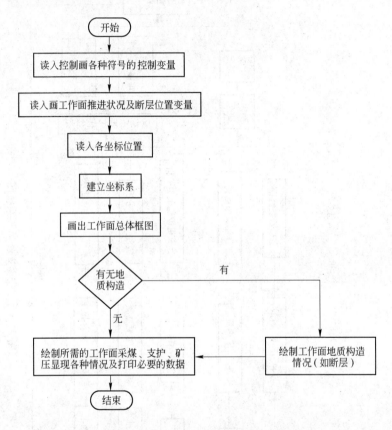

图 3-14　工作面宏观情况绘图显示程序框图

3.2.4.2　工作面观测数据的常规处理

工作面数据的常规处理包括：绘制工作面当天压力最大值、最小值、压力增量图，底板特性（P-S）曲线绘图分析，支柱初撑力、工作阻力抽查分析。

程序建立了压力 $P(\mathrm{kN})$-面长 $L(\mathrm{m})$ 或钻底量 $S(\mathrm{mm})$ 的坐标系，在该坐标系内可绘制各种所需曲线。该程序框图如图3-15所示。

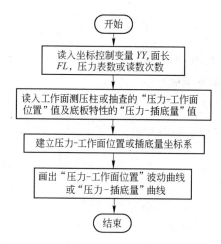

图 3-15 工作面观测数据的常规处理程序框图

3.2.4.3 主成分分析

主成分分析就是运用求解特征矩阵的方法，把多个变量或指标化为少数几个甚至一个综合指标或变量（第一主分量），使顶板管理者对矿压情况一目了然。主成分分析的程序框图如图 3-16 所示。分析处理的原始数据可以是不同变量、不同量纲的，此时为了克服量纲不同的影响，可先对原始变量进行标准化处理。

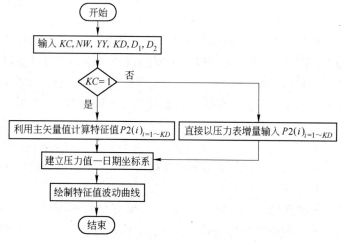

图 3-16 主成分分析的程序框图

$$X_{ij} = \frac{x_{ij} - \bar{x}_j}{S_j} \tag{3-1}$$

式中　X_{ij}——标准化后的变量值；

　　　x_{ij}——原始变量值；

　　　$\bar{x}_j$——第 j 变量的平均值；

　　　S_j——第 j 变量的均方差，$S_j = \left[\dfrac{1}{n-1} \sum\limits_{i=1}^{n} (x_{ij} - \bar{x}_j)^2 \right]^{1/2}$。

　　从理论上说，指标越多，反映问题越全面，主成分分析的效果越好。但作为采矿问题，需考虑以下三方面因素。首先考虑到具体地质条件，工作面顶板被断层切割为两大板块，它们彼此独立运动，因此上、下两板块的主成分分析应分开进行。为了使不同区域顶板活动特征得到不同程度的反映，则尺寸较大的下板块又可分为工作面中部区域（辖面 2 号、3 号、4 号压力表）和下部区域（辖面 5 号、6 号、7 号压力表）进行主成分分析。其次考虑到获得信息的具体情况，工作面及两巷测压表所测数据最为完整并属于连续观测，它们作为主成分分析的信息源较为可靠。最后还应考虑到最能反映顶板矿压监测特征的指标。由于工作面单体支柱测压表的压力增量为顶板运动所引起，是反映工作面顶板动态的指标，而且还反映了支架实际工作特性和底板特性。在测量上压力增量指标还可消除测压表初始误差及支护初撑力不同所引起的差异，受外界干扰小。同时，由于两巷测压表数据参加主成分分析时只能取虚指标（定性指标），出现反弹或压缩时可取为 1，否则取为 0，而仅以工作面测压表测得的压力日增量转化为单体支柱载荷日增量进行主成分分析则显得更为直观，所以本章讨论的监测工作是以工作面单体支柱载荷的日增量为指标，它的主成分分析对矿压监测具有重要意义。现场监测表明，支柱载荷日增量指标与工作面直接顶垮落、老顶来压等矿山压力显现具有良好的对应性，完全可以作为顶板监测深入分析的指标。

3.2.4.4　聚类分析

　　工作面矿压显现每天都不尽相同，聚类分析根据"物以类聚"的原理，运用模糊数学理论确定工作面矿山压力情况的合理典型类别数及聚类中心。对工作面当天观测数据进行模糊聚类以获得每天矿山压力显现的归类结果和归类可靠度系数 λ。模糊聚类的计算机程序框图见图 3-17。可靠度系数 λ 越接近于 1，归类可靠程度越高。模糊聚类的作用在于对工作面矿山压力情况分区段加以综合评价说明，以便于了解工作面状况并采取切合实际的现场顶板管理措施。

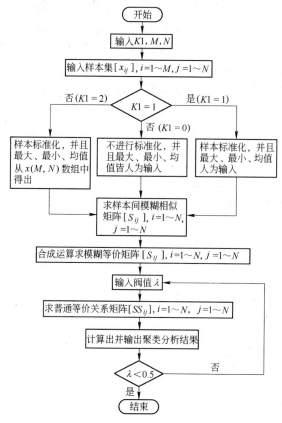

图 3-17　模糊聚类的计算机程序框图

3.3　矿压监测的具体过程

3.3.1　直接顶活动的监测

3.3.1.1　直接顶垮落前顶板日常监测

以徐州矿务集团夹河煤矿 7417 工作面为例，1.3~1.6m 厚的砂页岩伪顶和 A 层煤在工作面推至 8m 时就基本上全部垮落。工作面开始回采之前进行的支柱工作阻力抽查和底板比压实验表明,支柱工作阻力偏低,底板比较松软,不穿木鞋时支柱阻力一般只能达到 59kN,穿木鞋时则可达 118kN,并且增阻速度较快。为此提出了提高支柱初撑力、支柱穿木鞋和抓好支柱支设质量的措施,保证了回采初期工作面的安全生产。

随着工作面的不断推进,砂页岩伪顶随回柱在采空区冒落。在工作面推至 10～11m 时, 如图 3-18 所示,工作面断层往下 20m 范围内煤壁上方顶板出现裂缝和下切,深度在 1m 以上,并造成工作面内顶板破碎和难以管理。为此,测压组进行了面内支柱初撑力抽查,抽查结果见图 3-19。由图可见此区域内支柱初撑力只有 15kN 左右,在支护密度为 1.8 柱/m² 条件下,此值小于控顶区内伪顶和 A 层煤所产生的载荷值,并且此区域与 A 板块断层面上的自由边界相邻。根据以

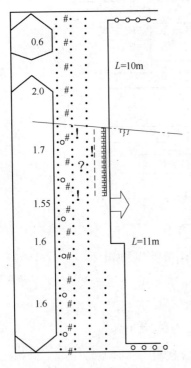

图 3-18　工作面宏观情况

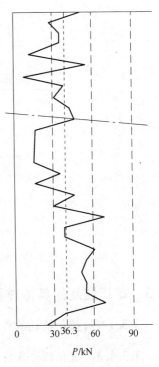

图 3-19　支柱初撑力抽查结果

上情况提出解决这一问题的途径在于提高支柱的初撑力,后经现场实测表明,提高支柱初撑力后,台阶下切现象也就避免了。

3.3.1.2 主成分分析

工作面测压柱日载荷增量的主成分如图 3-20、图 3-21 所示。它是反映支护系统工作状态的综合指标,并且与顶板冒落增压和老顶来压具有良好的对应关系,因而又是监测过程中分析、判断工作面顶板活动的主要依据。

现场监测结果表明,主成分小于 30kN 时,要么顶板压力较小,要么支柱由于底板松软而钻底或顶板破碎,支柱处于"没劲"状态,这时提高工程质量和加强支护是必要的;主成分在 85~120kN 时,

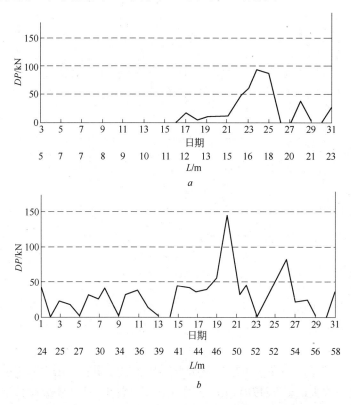

图 3-20 工作面上部区域主成分

a—3月;*b*—4月

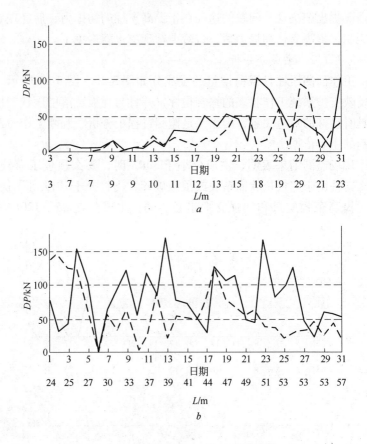

图 3-21　工作面中、下部区域主成分

a—3 月；b—4 月

实线—中部区域；虚线—下部区域

工作面处于压力异常阶段，为直接顶垮落或它所产生的小周期压力期间；主成分在 140～170kN 时，则工作面处于老顶来压所产生的增压阶段。

　　需要指出的是，主成分分析必须结合工作面矿山压力显现的具体情况。如夹河矿 7417 工作面 3 月 3 日至 3 月 15 日支柱载荷日增量的主成分在中、下区域都小于 30kN，到底是顶板压力较小还是支柱处于没劲状态？根据当时具体情况，虽然顶板压力不很大，但支柱初撑力偏低并造成顶板破碎和台阶下切，因此可判断是支柱处于"没劲"状态。另外，如果工作面顶板破碎，则可导致顶板垮落和来压期间主成分量值的减少。如4月13日中、下部区域的第一次周期来压，工作面中部区域由于顶板完整，测得其主分量值为167.5kN，工作面下部区域由于顶板破碎，其主分量值仅为17.5kN。

3.3.1.3 直接顶垮落的监测

3月18日，工作面下部区域推进13m时，运输平巷1号、2号、3号测压表皆出现反弹。如图3-22所示，反弹量值以距煤壁4m的1号表为最大，达2.2MPa。根据计算预测，推进到16.5m时，工作面会出现明显增压，推进到20m左右时，工作面直接顶才会充分冒落。经现场监测，当工作面推至16m时，工作面由断层处开始增压，中部区域测压柱载荷日增量的主分量达100kN，然后增压逐步下移，如图3-21所示。工作面推至19m时，顶板平行工作面的裂隙增多，并出现沿工作面方向由上向下移动的顶板破碎带；工作面推进21m后，直接顶充分冒落。此后，每推进6~8m，直接顶产生一次小周期压力。

3月19日，工作面推进13m时，回风平巷1号、2号、3号测压

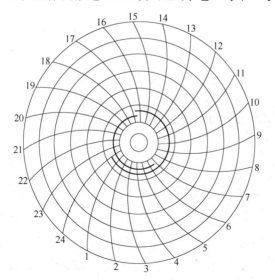

图3-22　3月18日运输平巷1号表

表均有反弹，数值以距煤壁5m的2号表为最大，达4.6MPa。3月22日，工作面推进到16m时，距煤壁2.5m的回风平巷新1号表先后两次共记录到如图3-23所示的正台阶15.9MPa的载荷增量。因此，预测直接顶在压缩点前方附近断裂，位置距切眼20m左右。实测表明，工作面推进到19m时，采空区基本冒落严实，工作面上部区域测压柱明显增压。工作面推进到21m时，如图3-24所示，沿整个上部板块的裂缝暴露于采场上方顶板中，位置距切眼约为19m。

由于工作面各区域直接顶冒落事先都得到了预报，并在预报的基础上提高工程质量和采取相应的技术措施，从而保证了工作面在直接顶冒落期间的安全生产。同时从以上直接顶垮落结果可以看出，上板块和下板块在超前巷"反弹—压缩"信息、工作面测压柱增压方面都存在差异，反映了两个板块彼此独立运动的性质。计算预测的直接顶冒落时推进距为：上部18.7m，中、下部16.5m，计算结果较为准确。

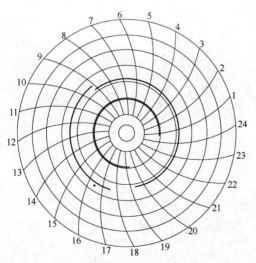

图 3-23   3月22日回风平巷新1号表

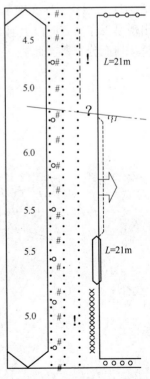

图 3-24   工作面宏观情况

3.3.2 老顶初次来压和周期来压期间的监测工作

3.3.2.1 老顶初次来压的监测

对应直接顶断裂的反弹出现后，3月25日工作面已推进19m，距工作面36m的运输平巷5号表发生压缩，量值为6MPa；3月26日工作面推进距仍为19m，运输平巷5号表又发生如图3-25所示的压缩，量值为9MPa。在此期间，1~4号测压表由于处在断层带而只有相应的小扰动。因此预计老顶初次来压步距为25.7m，推进28m后即可进入正常放顶阶段。3月31日，工作面与断层毗邻的中部区域开始明显增压（见图3-21），然后下部区域也逐渐开始增压。3月31日~4月5日，工作面支柱增阻一直较大，中、下部区域测压柱载荷日增量主分量最大值皆达到150kN左右，但上部板块最大主分量仅为30kN。工作面中、下部区域呈普遍来压状态，并发生局部切顶破碎和片帮，上部区域仅出现深度很小的一条裂缝，如图3-26所示。来压期间安全阀开启数统计参见表3-1，安全阀开启基本上发生在中、下区域。

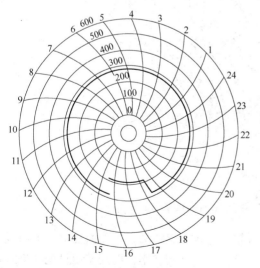

图3-25　3月26日运输平巷5号表

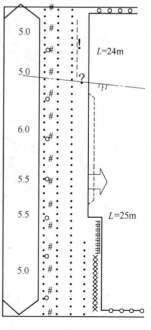

图3-26　工作面宏观情况

表 3-1　7417 工作面中、下部来压期间支柱安全阀开启统计

来压类别	初次来压期间						第一周期来压期间			
日期/月.日	4.2	4.3	4.4	4.5	4.6	4.7	4.11	4.13	4.15	4.16
推进距离/m	24	25	26	27	28	30	36	39	41	43
开启数/柱	65	70	140	131	119	89	66	106	68	42

　　上部区域板块由于其沿工作面长度较短，并且岩性较硬，因而初次来压步距较大。4 月 16 日，工作面推进 43m 时，距煤壁 3m 的回风平巷 1 号测压表记录到如图 3-27 所示的反弹负台阶，其余各表出现小扰动。预报指出来压时采面推进距范围在 45～48m 之间。4 月 19日，工作面推进 45m 时，工作面 1 号表开始出现显著增压，推进 47m时顶板出现多条明显裂缝，工作面压力达到峰值，支柱载荷日增量高达 146kN。4 月 23 日回柱后，采场顶板在距切眼 47m 的采空区处呈整层大块切下，下切落差达 0.8～1.1m。

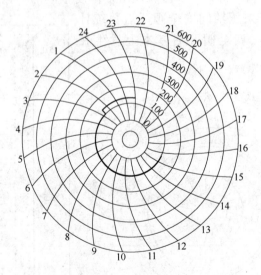

图 3-27　4 月 16 日回风平巷 1 号表

　　由于监测系统的准确预报，建议措施得力，工作面在上、下两板块初次来压期间都正常、安全生产。从初次来压期间矿压显现结果来看，上、下板块彼此独立运动，呈现出初次来压步距的相异性和工作

面分段来压的特征。从观测结果可知，计算预测的老顶初次来压步距
（上板块 42.7m、下板块 25.7m）较为准确。

3.3.2.2 工作面支护系统的改革

在初次来压期间进行的底板比压试验和支柱钻底量普查结果表
明，工作面底板岩层已较切眼附近的底板岩层变硬，底板岩层有足够
的抗压入强度并高于木鞋强度，在单体液压支柱支撑力达到 195kN
时底板才发生破坏，因而支护密度的确定应主要考虑顶板来压强度。

根据矿压观测和计算分析，取消了支柱木鞋，柱距由原来的
0.55m 提高到 0.65m，木垛除工作面上、下端头和断层破碎带上、下
两端及上部板块分别保留 1 个外，其余 9 个都予以拆除。

3.3.2.3 矿压观测数据的聚类分析

在工作面下板块初次来压结束后，对近 1 个月的观测数据进行整
理分析，并经计算机处理，确定工作面矿压显现的聚类中心如表 3-2
所示。

表 3-2 聚类中心表

序 号	矿压显现的典型类别	上部压力增量 /MPa	中部压力增量 /MPa	下部压力增量 /MPa
1	上部来压类	19.0	13.5	8.0
2	中部来压类	3.5	21.75	6.0
3	下部来压类	3.5	8.5	19.0
4	上、中部压力异常类	10.0	12.5	6.5
5	中、下部压力异常类	6.5	14.5	10.0
6	一般压力类	4.0	9.0	6.5

根据工作面聚类中心，对以后每天的测压数据输入计算机进行处
理即可得到当天工作面矿压情况归入哪一类别。这样，工作面矿山压
力显现情况得到了综合评价说明。它可以帮助管理者了解工作面矿压
情况处于什么状态，并作出切合实际的现场顶板管理措施。整个矿压
监测期间模糊聚类的结果汇总于表 3-3。

表 3-3 模糊聚类结果汇总表

聚类结果情况			工作面实际来压情况	
月份	日期	归入类别	阈值(λ)	来压或压力异常显现	来压或压力异常部位
三月	3	6	0.98		
	4	6	0.98		
	5	6	0.98		
	6	6	0.98		
	7	6	0.98		
	8	6	0.98		
	9	6	0.98		
	10	6	0.98		
	11	6	0.98		
	12	6	0.98		
	13	6	0.98		
	14	6	0.98		
	15	6	0.98		
	16	6	0.98		
	17	6	0.98		
	18	6	0.98		
	19	6	0.98		
	20	6	0.98		
	21	6	0.98		
	22	6	0.90		
	23	4	0.90	23~26日属工作面直接顶初次垮落，23日中部显著增压开始，26日中、下部顶板破碎	中—上
	24	4	0.89		中—上
	25	4	0.82		中—上
	26	6	0.98		
	27	6	0.78		
	28	6	0.80		
	29	6	0.98		
	30	6	0.98		
	31	5	0.79	3月31日至4月5日属初次来压	中—下

聚类结果情况			工作面实际来压情况	
月份	日期	归入类别	阈值（λ）	来压或压力异常显现	来压或压力异常部位
四月	1	3	0.86		下
	2	3	0.96		下
	3	3	0.88		下
	4	2	0.67		中
	5	5	0.75	3月31日至4月5日属初次来压	中—下
	6	6	0.98		
	7	6	0.98		
	8	6	0.83		
	9	5	0.82	中、下部砂岩直接顶活动	中—下
	10	6	0.98		
	11	5	0.80		中—下
	12	5	0.76	中、下部老顶第二次周期来压	中—下
	13	2	0.96		中
	14	6	0.96		
	15	6	0.92		
	16	6	0.98		
	17	6	0.87		
	18	5	0.76	中、下部直接顶活动	中—下
	19	5	0.91		中—下
	20	1	0.97	上部初次来压	上
	21	6	0.98		
	22	6	0.85		
	23	2	0.94	中部第二次周期来压	中
	24	6	0.95		
	25	4	0.83	上部第一次周期来压和中部第二次周期来压扰动	上—中
	26	4	0.87		上—中
	27	6	0.98	27日中、下部顶板破碎	
	28	6	0.98		
	29	6	0.98		
	30	6	0.98		
五月	1	6	0.94		

监测实践表明，表3-3的聚类结果与工作面矿压显现实际情况具有很好的对应性。如果为来压类，则表明工作面处于老顶破断及向下运动期间，促使工作面支柱增压较大或顶板破碎。如果某一时期仅为压力异常类，那么一般为工作面直接顶出现垮落或它所产生的小周期压力期间。如果为平时类，那么工作面一般为平时压力较小或顶板破碎情形。与主分量分析一样，由于在工作面顶板比较破碎的情况下，即使来压期间测压柱压力增量一般也不大，故聚类结果分析亦应对照工作面矿压显现具体情况。

3.3.2.4　老顶周期来压的监测

老顶周期来压的监测也是根据"反弹—压缩"信息预报断裂位置，并根据主分量分析和聚类结果确定来压及其强度。周期来压与"反弹—压缩"信息关系及预报情况可参见图3-28和表3-4、表3-5和表3-6。

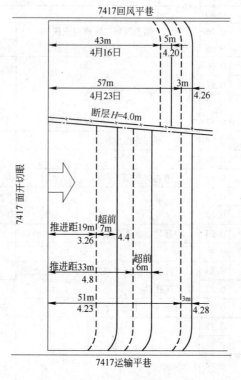

图 3-28　"反弹—压缩"信息

表 3-4 超前巷道"反弹—压缩"信息

超前巷道"反弹—压缩"信息

超前巷道	反弹						压缩			
	日期/月.日	工作面位置/m	类型	距煤壁/m	距煤壁/m（最大量值）	量值/MPa（最大量值）	日期/月.日	距煤壁/m	量值/MPa	工作面位置/m
运输平巷	3.9	8	大、小、小	4~14	4	-1.0				
	3.18	13	大、小、大	4~12	4	-2.2				
	3.26~3.28	19~21	由于测压表处于断层带，故反弹只有小扰动				3.25	36	+6.0	19
							3.26	36	+9.0	19
	4.8	33	大、小、小	8~18	8	-6.0	4.8	23	+3.0	33
	4.22	51	小、大、小	2~12	7	-2.8	4.22	17	+1.0	51
	4.23	51	小、大、大	2~17	7	-3.0				
	3.19	13	先反弹后压缩	5	5	-4.6	3.22	2.5	+15.9	16
回风平巷	4.16	43	大、小、小	3~9	3	-4.0				
	4.23	52	小、大、小	2~8	5	-4.5				
	4.24	52	大、小、小	5~14	5	-7.0				

表 3-5　工作面来压判断预报

超前巷道	发　报			工作面来压判断预报				
	简报号	日　期 /月．日	工作面 推进/m	顶板断裂线			工作面来压	
				距切眼 /m	距煤壁 /m	区　域	性　质	距切眼 /m
运输平巷	4	3.10	8	10～11	2～3		直接顶分层冒落增压	10～11
	7	3.19	13	16.5～19.5	5.5～8.5		直接顶充分冒落	16.5～19.5
	11	3.29	21	25.7	4.7	中～下	老顶初压	26.5
	16	4.9	33	39.5	6.5		老顶第一次周期压	39.5
	18	4.23	51	55.5	4.5		老顶第二次周期压	55.5
回风平巷	9	3.23	16	20.5	4.5	上	直接顶悬顶初跨	19～21
	17	4.16	43	46	3		老顶初压	45～48
	19	4.27	54	56.5	2.5		老顶第一次周期压	56.5

表 3-6　工作面实际来压信息

超前巷道	日期/月．日	距切眼/m	工作面实际来压（或跨落）				
			反弹时工作面位置与来压位置差/m		反弹与来压时间差/天	判断误差/m	
运输平巷	3.18	12	4		9	-1～-2	
	3.23～3.27	16～21	3～8		5～9	-1.5～+0.5	
	4.4	26	5～7		7～9	+0.5	
	4.13	39	6		5	+0.5	
	4.28	55	4		5	+0.5	
回风平巷	3.26	19	6		5	+1.5	
	4.20	47	4		4	-2～+1	
	·4.27～4.28	54～55	2～3		3～4	+1.5～+2.5	

周期来压期间矿压显现形式是多样的，因而工作面支护工作亦应适应多变的矿压显现情况。由于工作面中部区域顶板比较完整，因此在两次周期来压位置附近时，支柱载荷日增量较大或在此之后顶板破碎。在工作面下部区域（参见图 3-29），由于受小断层切割，破坏了伪顶及一部分直接顶的完整性，因而在两次周期来压位置附近时，顶板呈现更加严重的破碎和冒顶，并且支柱接顶不严，支柱载荷日增量一般较小。

图 3-29　周期来压时下部区域支护情况

3.3.3 "反弹—压缩"信息特征分析

在徐州矿务集团夹河矿 7417 工作面矿压监测期间，运输平巷测压表共记录到反弹信息 21 次，压缩信息 20 次；回风平巷共记录到反弹信息 21 次，压缩信息 5 次。

3.3.3.1 "反弹—压缩"的性质

"反弹—压缩"是弹性基础上顶板断裂及其运动所引起的必然现象，表现在两巷测压表上则出现压力负台阶或正台阶，利用它预报顶板断裂和来压是可靠的。一般说来，顶板的一次断裂和来压并不只出现一次反弹或压缩，而是会产生多次反弹和压缩扰动，即使是在明显来压期间也会出现反弹和压缩。但每一时期内的一组反弹和压缩信息却只和一次来压（或垮落）相对应。

3.3.3.2　断裂线两侧"反弹—压缩"分析

在老顶断裂线前方会出现反弹现象已为现场矿压监测所证实。此外，在对徐州矿务集团夹河煤矿 7417 工作面的矿压监测中，还首次在断裂线前方运输平巷中测到了老顶的压缩，并主要根据这种压缩成功预报了工作面下板块的初次来压。

夹河煤矿 7417 工作面监测还首次表明，不仅断裂线前方会出现"反弹—压缩"，而且断裂线后方也会出现"反弹—压缩"现象。突出的例子是上板块 4.4m 厚的砂页岩的初次垮落。在工作面推进 13m 时，距切眼 18m 的测压表首先出现反弹，量值为 4.6MPa；在工作面推进 16m 时，这一测压表又出现 15.9MPa 的压缩。工作面实际断裂线距切眼 19m。

对于煤壁附近先反弹后压缩的机理可解释如下。在图 3-30a 中，上板块虽然在煤壁前方 6m 处断裂，但一方面由于板块上边缘是简支边界，则端头弧三角形结构很小或不存在，并且板块断裂从与断层毗邻的自由边界扩展到回风平巷需要一个过程，另一方面断裂在铅垂方

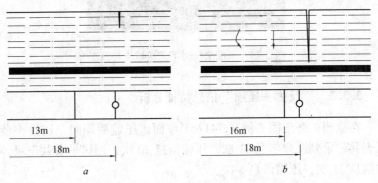

图 3-30　断裂线后方"反弹—压缩"的产生

向从岩块上部扩展到下部又是一个过程。所以板块断裂刚开始时，回风平巷处两侧顶板力学上的联系依然存在，并且一起运动，断裂线后方的测压柱亦会出现反弹现象。随着工作面推进，工作面顶板逐渐过渡到图 3-30b 状态。此时一方面断裂扩展过程已基本完成，另一方面支承断裂线后方断裂岩块的煤体宽度亦已减小，所以破断岩块的下沉和回转运动加剧，必然导致破断岩块下方测压表的压缩。

从以上分析可见，顶板断裂时，煤壁前方附近既可测到反弹，又可能测到压缩，它们中的任一个都是老顶断裂所引起的必然现象，皆可作为预报顶板断裂和来压的依据。

3.3.3.3 "反弹—压缩"信息的位置和量值特征

在监测板块活动的工作面两巷中，实测反弹距煤壁范围为 0 ~ 18m，尤其是 0 ~ 10m 范围内反弹频次占 71.4%。反弹峰值位置在煤壁前方 3 ~ 8m，反弹最大值达 7MPa。老顶断裂和来压位置一般超前反弹出现时工作面煤壁位置 3 ~ 7m。实测断裂线前方压缩位于距煤壁 17 ~ 36m 处，对应初次来压的压缩则超前初次来压步距 29m，压缩量最高达每天 9MPa。实测断裂线后方压缩位于距煤壁 2.5m 处，量值为 15.9MPa。

3.3.3.4 "反弹—压缩"的影响因素

监测表明，"反弹—压缩"受板结构之下支承基础特性的影响。初次来压的运输平巷反弹测区由于受小断层切割的影响，既减弱了基础的刚度，又减弱了反弹的传递，因而在此期间测得反弹量值较小。

此外，"反弹—压缩"还受到弹性基础上顶板自身性质及边界条件的影响。由于受工作面内走向断层的切割，工作面上、下两板块彼此独立运动，并且上板块靠回风平巷处边界为简支边界。这些导致了分别监测上、下板块的两巷测压表"反弹—压缩"信息的一系列差异。

3.4 普采工作面矿山压力监测效果

夹河煤矿 7417 工作面矿山压力监测与预报，是采用顶板活动的计算预测与工作面实测相结合、工作面矿压显现的日常监测与老顶来压预测预报相结合、支护系统的工作状态监测与支护方式改革相结合的方法进行的。由于进行工作面矿山压力监测工作，使工作面顶板管理和支护系统的技术管理基本克服了过去对工作面管理单纯靠宏观分析和凭经验决策的做法，从而保证了工作面初次放顶和周期来压期间的安全生产。同时还进行了支护改革，取得了较好的技术经济效果。7417 工作面与其他类似工作面相比，平均煤炭日产量提高 90t，减少木垛用量 9 个，节省单体液压支柱用量 300 根、金属铰接顶梁 190 个。

本次监测表明，由于工作面受走向断层的切割影响，老顶分块破断，工作面先后来压，应实行分段管理是正确的。老顶沿工作面方向确实分为上、下两个板块彼此独立运动，实测初次来压步距和计算预测的步距基本一致。同时，由于有了事先的分析和计算，从而有的放矢地安排监测工作和工作面顶板管理，提出相应加强支护管理的措施，取得了较好的效果。弹性基础板的"反弹—压缩"理论符合现场实际情况，利用工作面两超前巷中测压柱捕捉"反弹—压缩"信息预报老顶断裂和来压位置是成功的。

在有软弱岩层作为直接赋存于煤层之上顶板的情况下，工作面矿压显现是多样化的，来压期间既有可能压力大，也有可能顶板更为破碎。因而支护形式亦应适应这种多样化的需要。监测过程中实施支护合理化和改革措施可使工作面顶板管理更加趋于完善。

通过工作面矿山压力监测，不仅为现场生产解决了问题，而且监测理论还在实践中得到了检验和进一步发展。

4 综采面直接顶稳定性的相似材料模拟实验研究

4.1 相似材料模拟实验概述及方案

相似材料模拟实验方法在研究煤层开采过程中，可以模拟老顶失稳形式（包括滑落失稳和变形失稳），并观察直接顶在不同节理裂隙条件下的破坏规律和支架支撑影响效果。与现场观测和数值模拟方法相比，它有着周期短、耗资少、直观等优点。鉴于此，开展了直接顶破坏及控制的模拟实验工作，主要内容如下：

（1）改变老顶的边界条件，观察直接顶的破坏情况。

（2）改变相似材料的配比、分层厚度，以及裂隙面布置等，模拟不同力学性质的直接顶岩层。

（3）改变支架工作阻力，考虑支架对顶板控制的影响。

较前人的实验相比，本实验有如下特色：

（1）对直接顶的块体，裂隙类型有确切的描述。

（2）直接顶的分层数多，测点密度高，能较清楚地模拟出直接顶破坏全过程。

（3）采用钢板尺确定坐标系，用摄影法在相片上进行量测，进而计算出各测点坐标，相对省时省力。

实验模型以"砌体梁"结构模型为基础，简化为图 4-1。

实际实验中，老顶作为边界条件是以回转失稳量（回转角 α）和滑落失稳量（滑落量）来考虑的。实验中老顶断块一般长度为 0.5m，通过置于老顶之上的两个千斤顶加载使回转角 α 或滑落量不断增大达到直接顶最后破坏。

老顶断裂岩块沿工作面推进方向在整个模型架 2.5m 长度上铺设。模型中有四个大千斤顶作为老顶加载压力源，每个老顶断裂岩块上放置两个千斤顶，以利于控制老顶岩块发生回转失稳或滑落失稳。

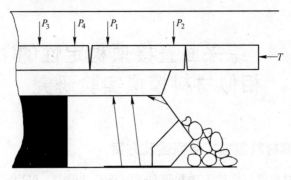

图 4-1　实验模型图

实验开始前准备阶段，P_1、P_2、P_3、P_4 皆加至 98 ~ 196MPa（1 ~ 2kgf/cm²），以保持千斤顶本身稳定即可。一般说来，为防止平面应力模型破坏，煤壁前方老顶砌块上加载千斤顶 P_3、P_4 的液压加至 490MPa（5kgf/cm²），且在整个实验过程中保持不变。采场上方老顶岩块若要回转失稳，则 $P_1/P_2 < 1/10$ 为宜，此时 P_1 管路液压可在实验开始时加至 294MPa（3kgf/cm²），且在整个实验过程中保持不变；P_2 则在实验中随着要求回转角 α 不断增大而增大 P_2 值，一般 P_2 液压最大升至 3.92×10^3 ~ 4.9×10^3MPa（40 ~ 50kgf/cm²）时，直接顶全部破坏。滑落失稳则要求 $P_1/P_2 > 1/2$ ~ $1/3$，一般在 $P_1 = 1.47 \times 10^3$MPa（15kgf/cm²），$P_2 = 2.94 \times 10^3$MPa（30kgf/cm²）以前老顶发生滑落量很大的滑落失稳而导致直接顶全部破坏。

老顶砌块在水平方向挤得较紧且支架初始液压较大，有利于发生回转失稳；反之，易发生滑落失稳。

本次实验模型分两大组共六个模型，主要根据老顶不同失稳条件、直接顶不同裂隙和块体形式来划分。见表 4-1。

表 4-1　模型划分形式

组别	划分形式	老顶失稳方式	直接顶裂缝、块体形式	备　注
第 I 组	A	滑落失稳	锯齿型错缝式块体	支架阻力较大
	B	变形失稳	倒台阶错缝式块体	
	C	变形失稳	锯齿型台阶错缝式块体	

组别	划分形式	老顶失稳方式	直接顶裂缝、块体形式	备 注
第Ⅱ组	A	变形失稳	矩形错缝式块体	支架阻力较低
	B	变形失稳	楔型错缝式块体	
	C	变形失稳	楔型错缝式块体	老顶断块较短

模型第Ⅰ大组、第Ⅱ大组均为一次铺成模型，各自切出直接顶岩体裂隙，可作三个直接顶破坏实验模型。

4.2 模拟实验参数确定及量测方法

模型采用实际相似比参数为 $C_1 = 0.1$，$C_\gamma = 0.68$（相似材料容重小于现场岩石容重）。

（1）压强相似比：

$$C_\sigma = C_1 \times C_\gamma = 6.8 \times 10^{-2}$$

（2）动力相似比：

$$C_f = C_1^3 \times C_\gamma = 6.8 \times 10^{-4}$$

模型支架模拟四柱支撑掩护式架型。安装于模拟支架上的千斤顶缸径 $d = 2.53cm$，液压缸面积 $s = (\pi/4) \times d^2 = (\pi/4) \times 2.53^2 = 5cm^2$。支架在实验开始时初始液压应能平衡直接顶和老顶载荷，试验模型不致发生垮塌。P_2、P_1 加载逐步增大时应保持支架液压按一定关系增大，否则会使支架大幅下缩而使直接顶发生整体下切破坏。

在实验过程中对模型上的测点进行系统地拍照，并同时将模型架上的固定标尺拍摄，然后用直尺在放大的相片上测出各点距固定标尺的两独立点距离，最后根据公式算出坐标 x、y，这就是摄影测量法。

（1）坐标系。坐标系只需设置一把铅垂方向标尺即可，由于标尺刻度在相片上不甚清楚，因而可在标尺适当间距贴上白色标记（或黑色标记），尤其是在标尺中间的标记。铅垂方向的标尺较易保持稳定（不运动）。

（2）模型测点标志。为明显反映出测点位置，用黑色"＋"字标在白纸中作为测点较佳。

（3）照相机。模拟实验中照相机应保持不动，即相对于模型架距离不变，且保持对模型正射投影。

摄影量测法的优点为：

（1）可观察到老顶、直接顶的变形破坏及变化的全过程，较直观又可长期保存；

（2）可同时迅速地记录模型表面所有测点的移动；

（3）测点标志制作与安设简单；

（4）不仅可用于表面外露的模型，也可用于表面由透明挡板封闭的模型。

摄影量测法的缺点是精度不高，尤其是照相比例较小时误差较大，逐点测算的工作量较大，人为因素影响也较大。

4.3 模型的坐标系及实验结果分析方法

4.3.1 坐标系和坐标值的确定

以钢板尺为纵坐标之 y 轴（基本为铅垂方向），横坐标为 x 轴（垂直于钢板尺，基本为水平方向）。各测点的坐标值计算如下：

（1）所在点超出钢板尺顶点之外（$r_0^2 + r_1^2 < r_2^2$，此时 $y_i < 0$），如图4-2所示。计算公式为：

$$x_i^2 + (r_0 - y_i)^2 = r_2^2 \qquad (4-1)$$

$$x_i = \sqrt{r_1^2 - y_i^2}$$

$$y_i = -\frac{r_2^2 - r_1^2 - r_0^2}{2r_0}$$

$$= \frac{r_0^2 + r_1^2 - r_2^2}{2r_0} \qquad (4-2)$$

（2）所在点在钢板尺顶点之垂直线上，即在 x 轴上（$r_0^2 + r_1^2 = r_2^2$，此时 $y_i = 0$）。计算公式为：

$$y_i = 0, \ x_i = r_1 \qquad (4-3)$$

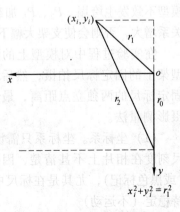

图4-2 坐标点示意图

（3）所在点在钢板尺垂直线之下（$y_i > 0$），如图 4-3 所示。

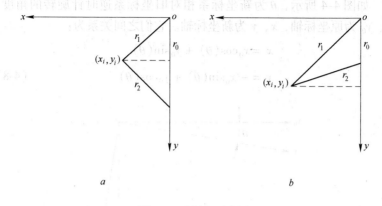

图 4-3　坐标点示意图

$a—r_0^2 + r_1^2 > r_2^2$；$b—r_0^2 + r_2^2 < r_1^2$

图 4-3a 的计算公式为：

$$x_i^2 + y_i^2 = r_1^2$$

$$x_i^2 + (r_0 - y_i)^2 = r_2^2 \qquad (4\text{-}4)$$

$$x_i = \sqrt{r_1^2 - y_i^2}$$

$$y_i = \frac{r_0^2 + r_1^2 - r_2^2}{2r_0} \qquad (4\text{-}5)$$

图 4-3b 的计算公式为：

$$x_i^2 + y_i^2 = r_1^2$$

$$x_i^2 + (y_i - r_0)^2 = r_2^2 \qquad (4\text{-}6)$$

$$x_i = \sqrt{r_1^2 - y_i^2}$$

$$y_i = \frac{r_0^2 + r_1^2 - r_2^2}{2r_0} \qquad (4\text{-}7)$$

综上所知，（1）、（2）、（3）中的所有表达式都是一致的，即具有通用性。

4.3.2　坐标系的旋转

在模拟实验中，如果铅垂钢尺发生了转动，即坐标系发生了旋转，为保证 x、y 坐标的统一性，必须对坐标系进行校正。

如图 4-4 所示，θ 为新坐标系相对旧坐标系逆时针旋转的角度，x_0、y_0 为原坐标轴，x、y 为新坐标轴。它们之间关系为：

$$x = x_0\cos(\theta) + y_0\sin(\theta)$$

$$y = -x_0\sin(\theta) + y_0\cos(\theta) \tag{4-8}$$

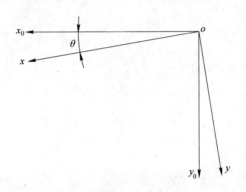

图 4-4　坐标系旋转示意图

4.3.3　应变分量 ε_x、ε_y、γ_{xy} 值的计算

由于本章实验属于平面问题，因此应变分量有 3 个，即 ε_x、ε_y、γ_{xy}，它们与位移分量 u、v 之间具有如下关系：

$$\begin{cases} \varepsilon_x = \dfrac{\partial u}{\partial x} \\[2mm] \varepsilon_y = \dfrac{\partial v}{\partial y} \\[2mm] \gamma_{xy} = \dfrac{\partial u}{\partial y} + \dfrac{\partial v}{\partial x} \end{cases} \tag{4-9}$$

即称为几何方程。本章实验采用上述方程来推导计算应变分量的具体公式。为方便起见，测点编号规定如下：

k——不同状态号，如拍摄不同照片顺序号；

i——模型测点层号，即直接顶分层号；

j——模型测点序列号，即直接顶分层中测点依次顺序号。

如图 4-5 所示，$A(i,j)$，$B(i,j+1)$，$C(i+1,j)$ 分别为三个测点，A_1、B_1、C_1 分别为 A、B、C 发生位移后的位置。

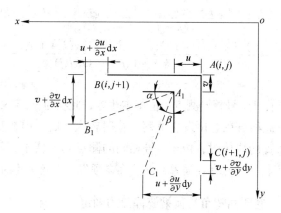

图 4-5　应变分量计算示意图

(1) ε_x

$$\varepsilon_x = \frac{\partial u}{\partial x} = \frac{u_{j+1} - u_j}{x_{j+1} - x_j}$$

$$= \frac{[x(k+1,i,j+1) - x(k,i,j+1)] - [x(k+1,i,j) - x(k,i,j)]}{x(k,i,j+1) - x(k,i,j)}$$

$$\text{(4-10)}$$

如果模型中 i 号相同的测点 y 值基本相等，则此公式与 ε_x 的定义基本相符，误差不大，这就是应强调测点标志布置成方形网格的原因。

(2) ε_y

$$\varepsilon_y = \frac{\partial v}{\partial y} = \frac{v_{i+1} - v_i}{y_{i+1} - y_i}$$

$$= \frac{[y(k+1,i+1,j) - y(k,i+1,j)] - [y(k+1,i,j) - y(k,i,j)]}{y(k,i+1,j) - y(k,i,j)}$$

$$\text{(4-11)}$$

模拟实验模型中直接顶若为错缝式布置的块体，j 号相同的测点 x 值相差较多，则此公式与 ε_v 的定义不符，必然存在误差。

(3) γ_{xy}

$$\gamma_{xy} = \frac{\partial u}{\partial y} + \frac{\partial v}{\partial x} = \frac{v_{j+1} - v_j}{x_{j+1} - x_j} + \frac{u_{i+1} - u_i}{v_{i+1} - y_i}$$

$$= \frac{[y(k+1,i,j+1) - y(k,i,j+1)] - [y(k+1,i,j) - y(k,i,j)]}{x(k,i,j+1) - x(k,i,j)}$$

$$+ \frac{[x(k+1,i+1,j) - x(k,i+1,j)] - [x(k+1,i,j) - x(k,i,j)]}{y(k,i+1,j) - y(k,i,j)}$$

$$(4-12)$$

前一项由于 i 号相同测点 y 值基本相等，此项与 γ_{xy} 定义基本相符，误差不大，此项值在老顶发生滑落失稳时较大。后一项在直接顶岩体为错缝式布置的块体时，由于 j 号相同的测点其 x 值不相等，此项与 γ_{xy} 的定义不符，必然存在误差，此值在老顶发生滑落失稳时较小。

4.3.4 老顶回转角及顶梁俯仰角的确定

为确定老顶回转角和顶梁俯仰角，在老顶和顶梁上各取两个测点，分别计算出测点坐标。然后根据公式 $\alpha = \arctan(\frac{y_1 - y_2}{x_1 - x_2})$，可求得 α 值。α 为正值表示老顶向下回转或顶梁低头。

4.3.5 模型结果整理方法

前面部分所述的公式皆已包含于处理测点坐标数据的计算机程序中。程序通过选择合适的参数，能够处理全部模型实验数据，最后输出两种图形结果：（1）直接顶测点运动轨迹图，也称位移场，即把整个直接顶的同一测点在不同状态时的位置连成迹线。（2）直接顶测点在不同状态下变形破坏网格图。为清楚表示直接顶变形破坏过程，一张图只表示两种状态，原始状态或前一状态网格用虚线表示，变形后实际网格用实线表示。模拟实验分为两个大组（Ⅰ组和Ⅱ组，每组包括 3 台模型，编号为 A、B、C），以每大组为一节进行实验结果分析。

4.4 第Ⅰ组相似材料模拟实验及结果分析

第Ⅰ组实验模型材料配比见表 4-2。

表 4-2　第 Ⅰ 组模型材料配比

围岩　　材料	砂子 /kg	煤粉 /kg	CaCO₃ /kg	石膏 /kg	水泥 /kg	水 /kg	硼砂 /kg
煤　层	141.3	37.7	18.8	7.1	7.1	31.5	
直接顶 a 的单元层	33.6			2.8	2.8	5.2	0.052
直接顶 b 的单元层	15.1			0.94	0.94	1.9	0.019

注：煤层铺设厚度为 32cm。直接顶共铺设 42cm，为 9+3 层。上位层共 9 层，每层厚度为 4cm；下位层共 3 层，每层厚度为 2cm。直接顶 a 表示上位层；直接顶 b 表示下位层。下位层中裂隙间距为 2cm，且为错缝式布置。

4.4.1　ⅠA 模拟实验模型

本台模型实验的主要目的是在支架工作阻力较大的情况下，试验支架后部的直接顶是否容易破坏，老顶则为滑落失稳。

直接顶开始破坏状态见图 4-6，直接顶变形破坏全过程的位移场如图 4-7 所示。为了更细致地观测直接顶变形破坏规律，利用计算机专用软件绘制了直接顶变形破坏全过程的位移场和相应各阶段直接顶变形破坏的网格图，如图 4-8～图 4-10 所示，图中的 "+" 或 "-" 表示网格单元的相对变形量，"+" 表示拉伸变形，"-" 表示压缩变形。当老顶发生少量回转时，增大支架工作阻力，在煤壁上方出现纵向裂缝，呈倒台阶状。如图 4-8a、图 4-9a、图 4-10a 所示，直接顶上位岩体在下沉同时伴随着向采空区方向的水平运动，且靠采空区侧

图 4-6　直接顶开始破坏状态

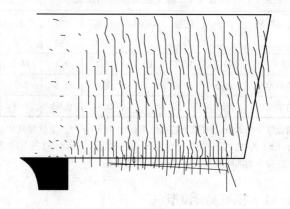

图 4-7　直接顶变形破坏位移场

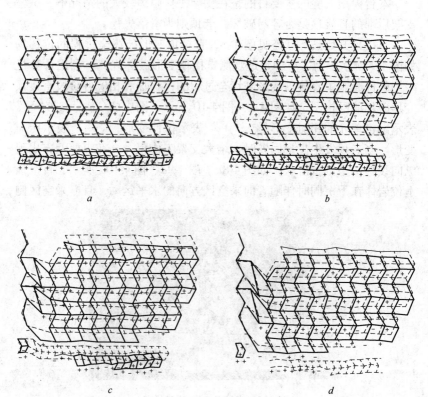

a

b

c

d

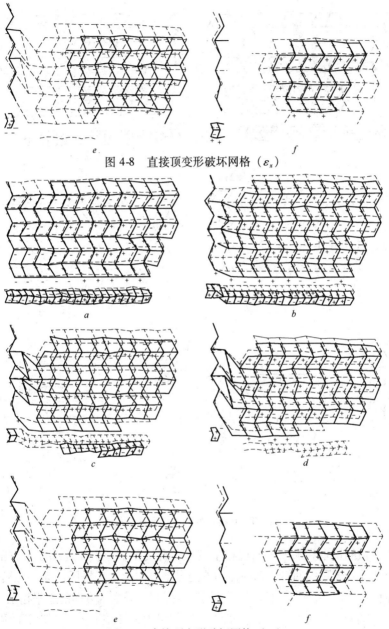

图 4-8 直接顶变形破坏网格（ε_x）

图 4-9 直接顶变形破坏网格（ε_y）

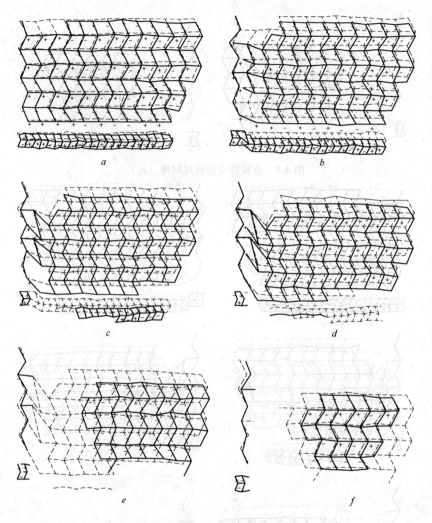

图 4-10 直接顶变形破坏网格（γ_{xy}）

直接顶的铅垂和水平方向位移量较大。直接顶下位岩体的端面上方部分在随着老顶的回转运动中伴随着向煤壁方向的水平挤压运动，后部岩体在老顶回转压力作用下在下沉同时伴随着向采空区方向的水平松动。

随着老顶继续回转，升高支架工作阻力，煤壁上方又出现新的裂缝，原有裂缝继续扩大、延深，直接顶进一步运动，特别是下位岩体下沉量增大,如图 4-8b、图 4-9b、图 4-10b 所示。随着老顶的滑落,直接顶前部区域(端面)沿着原裂缝带(即滑落失稳点附近)发生剪切破坏,直接顶出现整体错动下沉,此时顶板合力作用点前移,支架顶梁呈低头状态,直接顶下位岩体后端呈受压剪切失稳状态,并出现直接顶冒落,如图 4-8c、图 4-9c、图 4-10c 所示,下位岩体端面区域出现冒落和离层。显然,支架顶梁低头不利于控制端面顶板。随着老顶滑落量进一步增大,支架顶梁低头加剧,直至支架前柱被压死,直接顶下位岩体端面部分进一步垮落,顶梁后部直接顶遭到压碎破坏,如图 4-8d、图 4-9d、图 4-10d 所示。当老顶进一步滑落失稳,端面顶板受到顶梁水平挤压力的作用,产生了朝煤壁方向沿结构面倾斜的锯齿型裂缝,导致端面上方顶板大范围垮落和形成锯齿型破坏区域,如图 4-11 所示。直接顶最终形成楔形破坏状态,而支架顶梁由于顶板作用力重新分布的缘故,又处于抬头工作状态,变形网格图如图 4-8e、f,图 4-9e、f,图 4-10e、f 所示。

图 4-11 直接顶变形破坏状态

通过实验过程分析,可得如下结论:

(1)直接顶的破坏失稳过程为:老顶在煤壁上方断裂和发生回转,导致直接顶上部产生纵向裂缝带,从而形成拉断区。由于直接顶为锯齿形错缝式布置的块体形式,裂缝的产生首先从原生裂隙开始,呈倒台阶状。当老顶进一步回转和产生滑落时,纵向裂缝带扩大、延深,端面顶板沿裂缝带发生剪切破坏,并冒落形成冒落区。直接顶的整体错动以及支架的低头工作状态，致使端面顶板大范围冒落，最终拉断区和冒落区沟通，使支架处于不稳定工作状态。

（2）原生锯齿形裂隙的存在，使破坏首先从这些裂隙开始，直接顶的最终楔形破坏形状也与此相关。

（3）支架工作阻力的增大未能阻止老顶出现滑落失稳，一方面可能是支架架型选择不对，致使额定工作阻力偏低，另一方面可能是支架初撑力过低，导致顶板出现滑落失稳。

（4）直接顶拉断区的形成，主要由于老顶的回转，受支架影响较少，拉断区的发生和发展主要是由老顶的回转量所决定。

（5）端面顶板为无支护空间，支架低头导致冒落程度加大，最终由于老顶的滑落失稳，使端面顶板的冒落区与上部拉断区沟通，使顶板难以控制。

由此，要避免发生这种情况，最好是防止老顶发生滑落失稳，加强顶板来压预报和顶板控制等工作。

4.4.2 ⅠB 模拟实验模型

本台模型模拟的老顶失稳方式为变形失稳，老顶断裂线位于煤壁上方。直接顶为倒台阶错缝式块体，靠近采空区侧直接顶未被施加水平挤压力，以使靠采空区侧直接顶顺利回转和垮落。

直接顶的初始状态如图 4-12 所示，直接顶变形破坏全过程的位移场如图 4-13 所示，相应破坏的网格图如图 4-14 所示。不论老顶最

图 4-12 直接顶初始工作状态

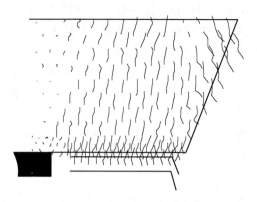

图 4-13 直接顶变形破坏位移场

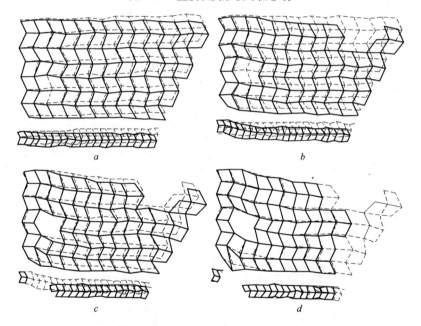

图 4-14 直接顶变形破坏网格

终是变形失稳还是滑落失稳,老顶刚开始回转时的直接顶变形规律一般都类似。

老顶回转过程中,端面上方的直接顶上位岩体首先出现裂缝,随着老顶的继续回转,在支架顶梁后部上方的直接顶也出现了裂缝。端面上方的直接顶上位岩体裂缝进一步向端面延深，随之从煤壁开始的地方出现了裂缝带，裂缝向上张开并且宽度较大；顶梁上方的直接顶裂缝也逐渐发展成为裂缝带。当老顶的回转角进一步增大时，原先的裂缝继续扩大，并且在支架顶梁的正上方出现新的裂缝，而支架顶梁后部上方的直接顶开始沿裂缝出现剥落现象，这是受到老顶挤压变形的缘故。直接顶下位岩体的端面部分已出现离层，最下位一层沿原有裂缝折断并挠曲，但还未冒落。应该注意到，最早出现的端面上方的裂缝出现闭合现象，这说明老顶在下沉同时伴随着向煤壁方向的水平挤压运动。

　　随着老顶继续回转下沉，直接顶后部沿着裂缝开始向采空区垮塌，端面直接顶开始冒落，形成冒落拱，拱上裂缝贯通上方直接顶直至直接顶上部边界。事实上，老顶弯曲后导致支架整体下沉，从而使得冒落拱两侧一个拱脚高、另一个拱脚低；拱脚低的一端岩层有明显离层的现象，此时若是支架支护力升不上去，则很可能导致端面冒落拱范围扩大。支架支护力上升后，离层现象消失，两拱脚相对位置稍有改变，而此时采空区侧直接顶已发生垮塌现象。老顶进一步回转并发生滑落量较小的滑落失稳后，直接顶后部进一步破坏，顶板压力重心前移，支架顶梁后部上抬、前部低头，端面进一步冒落，形成一个大冒落拱并处于不稳定状态。直接顶破坏状态如图 4-15 所示。

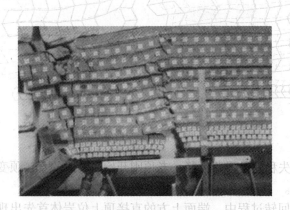

图 4-15　直接顶变形破坏状态

4.4.3 ⅠC模拟实验模型

本台模型主要模拟端面直接顶冒落及形成端面冒落拱后支架顶梁低、抬头对冒落拱的影响。老顶为变形失稳，老顶断裂线位于煤壁后方。

直接顶开始破坏状态如图 4-16 所示，支架顶梁上方直接顶存在两条裂缝，形成一个倒楔形状。直接顶变形破坏全过程的位移场如图 4-17 所示，相应的变形网格图如图 4-18 所示。

图 4-16　直接顶开始破坏状态

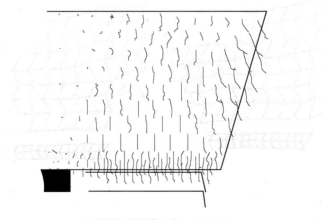

图 4-17　直接顶变形破坏位移场

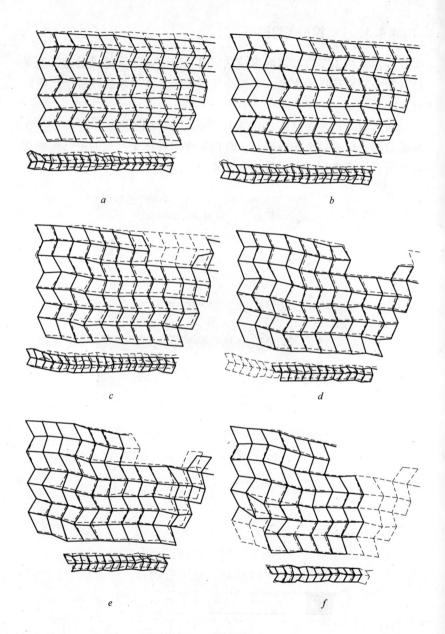

图 4-18 直接顶变形破坏网格

老顶开始回转并升高支架支护力后，此时直接顶出现从煤壁侧起始向采空区方向倾斜向上的新裂缝，这是由于老顶回转运动导致直接顶变形的缘故。老顶继续回转，在直接顶后部的上位岩体中出现裂缝带，这些裂缝范围都较小，主要沿老顶边界分布，此时端面上方裂缝进一步张开。由于直接顶的下沉，支架梁端至煤壁之间（即端面部分）的直接顶受两条裂缝切割而成为一长条形块体，并有下滑的倾向。老顶进一步回转，各裂缝都进一步张开且裂缝增多，直接顶后部上方已有剥落现象，端面上方长条形块体的边界裂缝间隙扩大，因此块体开始松散并发生错动，但端面下位岩层水平方向联系比较明显，致使块体还未产生冒落现象。老顶继续回转，致使端面顶板已发生较大的离层，各裂缝进一步增大，紧接着端面直接顶第一分层发生冒落，第二、三分层也随后冒落，将顶梁上方浮矸去掉，即可见冒落边界为拱形锯齿状，两拱脚相对处于水平位置，拱顶岩块处于相对稳定状态。

老顶再发生回转，顶梁尾部垂直向上法线后侧的三角形区域的直接顶向采空区侧发生垮塌，只是由于采空区的挡块作用才未冒落，但已与前部分直接顶失去了力学联系，成为自由体。端面区域直接顶也已完全松散，拱顶岩块以砌体梁的形式联系着，可以看见岩块在煤壁一端铰接点处不下滑。随后，支架顶梁尾部外侧的直接顶已向采空区倒塌，倒塌边界线基本垂直于支架顶梁。此时，端面区域顶板与煤壁侧顶板错动了一层位置，原冒落拱拱顶已冒落两层岩块，形成新的锯齿状冒落拱，原来呈砌体梁式结构的岩块又恢复到水平状态，但与煤壁侧同一层位岩体产生相对滑动而已失去联系，成阶梯状接触，拱顶上方岩层有离层现象存在，这是由于老顶倾斜方向与支架顶梁层位不平行导致直接顶变形所致。最终，支架顶梁后部上方的直接顶进一步破坏，破坏线前移，支架顶梁后部升起，支架呈低头状态，导致整个直接顶发生破坏，破坏后的直接顶呈散体状堆积在顶梁上，而煤壁侧直接顶呈明显的台阶状，见图 4-19。

图 4-19　直接顶最终破坏状态

4.5　第Ⅱ组相似材料模拟实验及结果分析

第Ⅱ组实验模型材料配比见表 4-3。

表 4-3　第Ⅱ组模型材料配比

材料 围岩	砂子 /kg	煤粉 /kg	CaCO₃ /kg	石膏 /kg	水泥 /kg	水 /kg	硼砂 /kg
煤　层	143.6	38.3	19.1	11.0		34.5	
直接顶 a 的单元层	33.2		2.0	1.24	0.84	4.6	0.070
直接顶 b 的单元层	16.6		1.0	0.62	0.42	2.3	0.035

注：煤层铺设厚度为 32cm。直接顶共铺设 42cm，为 9 + 3 层。上位层共 9 层，每层厚度
　为 4cm；下位层共 3 层，每层厚度为 2cm。直接顶 a 表示上位层；直接顶 b 表示下位
　层。直接顶裂隙采用错缝式布置。

4.5.1　ⅡA 模拟实验模型

本台模型直接顶为矩形错缝式块体，老顶为变形失稳，主要是观
察在支架初撑力较低的情况下，直接顶变形破坏规律。

实验模型初始状态如图 4-20 所示，可见直接顶在端面上方有一
条阶梯状初始裂缝。直接顶变形破坏全过程的位移场如图 4-21 所示，
相应的各阶段直接顶变形破坏的网格图如图 4-22 所示。

图 4-20 直接顶初始状态

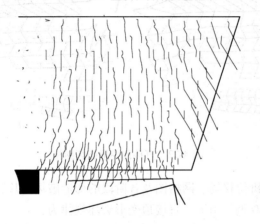

图 4-21 直接顶变形破坏位移场

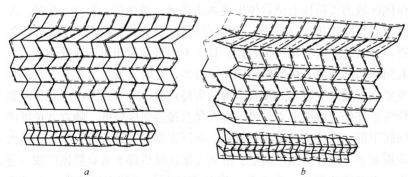

a   *b*

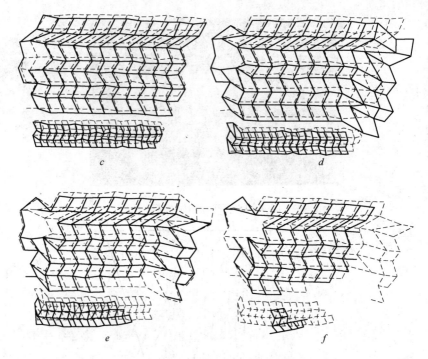

图 4-22   直接顶变形破坏网格

通过分析位移场、网格图及各阶段的变形破坏照片，可知在老顶和液压支架双重作用下，直接顶变形破坏规律为：

加大 P_1、P_2 值，使老顶进行回转。随着老顶的回转，端面靠煤壁侧区域的直接顶上位岩体出现新的裂缝，裂缝进一步向下扩展，上部原有裂缝则进一步张开。老顶在回转的同时，又略微有些滑动失稳，导致裂缝向下贯通至端面，且支架侧直接顶相对于煤壁侧直接顶有向下错动现象。从网格图中也可看出，此时支架压力上升，直接顶主要靠支架来支撑。老顶发生滑落失稳现象，一方面是由于老顶断裂位置正好处于端面上方，另一方面是直接顶强度较低。随着老顶继续回转下沉，直接顶继续向下错动，液压支架渐渐处于低头状态，端面顶板最下一层开始出现离层；液压支架顶梁后部上方直接顶出现一条贯通至老顶的裂缝，靠近采空区的直接顶与前部直接顶失去力学联系，只是由于采空区的矸石阻挡才不致垮塌。老顶继续下沉并伴随着滑落失稳，直接顶向下错动较大，原错动裂缝旁边又出现新的裂缝带，支架低头严重；支架顶梁后部上方直接顶受到挤压作用，导致破碎。随后由于支架低头严重，端面直接顶冒落成拱形，且上位直接顶与下位直接顶离层严重；后部靠采空区侧的直接顶已经塌落，支架顶梁上方直接顶均呈破碎状态，直接顶随时可能垮塌，关键是要看支架的作用。如果支架支撑力上升，能够撑起直接顶，使直接顶重新受到约束，则不会发生垮塌现象，但由于支架立柱已被压死，故最终直接顶全部垮塌。由此看来，管理好支架是一个重要的问题。

4.5.2 ⅡB 模拟实验模型

本台模型模拟老顶变形失稳条件下，直接顶为楔形体时变形破坏规律。

模型初始状态如图 4-23 所示，直接顶均为楔形体，其中一个标签代表一块楔形体。直接顶整个变形破坏过程中的位移场如图 4-24 所示，相应各个变形破坏阶段的网格图如图 4-25 所示。

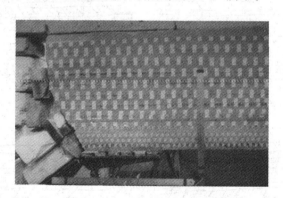

图 4-23 直接顶初始状态

通过分析，可得变形破坏规律为：

当老顶作用于直接顶时，此时支架已升起撑住，在煤壁上方靠老顶处直接顶岩体出现一条裂缝。当老顶有回转运动时，裂缝开始扩大，离老顶越近，直接顶裂缝开口越大，并且裂缝有向下延伸的趋

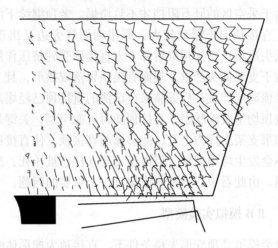

图 4-24　直接顶变形破坏位移场

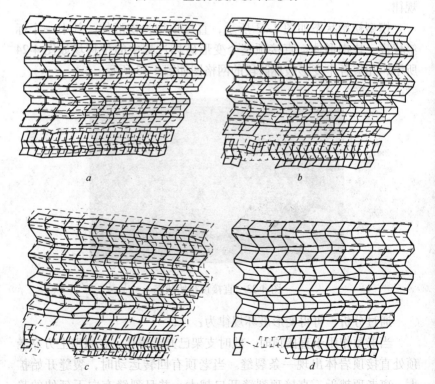

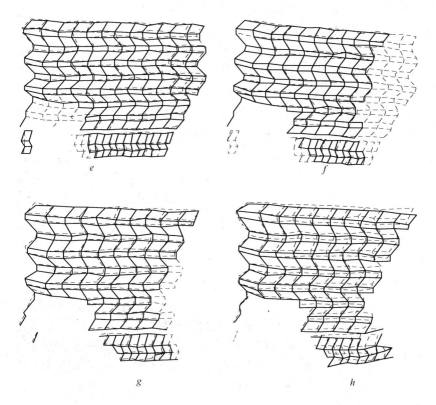

图 4-25 直接顶变形破坏网格

势。老顶逐步回转，裂缝继续扩大并向下延伸，同时还出现一条新的直接顶裂缝，此裂缝从端面部分煤壁侧开始倾斜向顶梁侧上方延伸。这就破坏了端面顶板的完整性与稳定性，会导致顶板的冒落。继续使老顶回转，两条裂缝均扩大。由于是楔形体，又存在刚产生的新裂缝，故直接顶下位岩层随老顶回转时未能产生水平力，而是在端面顶板支架顶梁侧又出现新的裂缝，导致端面顶板失去约束条件而形成一阶梯状的冒落洞穴。随着老顶继续下沉，两条裂缝均继续扩张延伸，它们有向下贯通的趋势；第二条裂缝下部区域靠煤壁处出现楔形裂缝，被楔形裂缝包围的楔形体处于不稳定状态，它的冒落将导致端面冒落洞穴的扩大，此类楔形体为关键块体。

　　当老顶进一步下沉挤压直接顶时，第一条裂缝形成了裂缝带，带内直接顶遭到切割已成破碎状态，它已贯通至端面冒落洞穴处，与第二条裂缝贯通，而第二条裂缝上部部分闭合，这是由于受到挤压的缘故。直接顶楔形体下端已冒落，使冒落洞穴宽度范围扩大，但冒落高度未增加，而冒落洞穴靠顶梁侧隔一个标签的距离处出现一条与冒顶洞穴侧边平行的裂缝，并且其顶部已与洞穴顶部贯通。由于老顶的不断回转下沉，导致支架立柱被压死，直接顶后侧产生了一条裂缝，这条裂缝逐渐扩大；同时端面顶板在原已冒顶洞穴基础上不断冒落，冒顶洞穴靠煤壁侧以裂缝带为基础，而靠顶梁侧则不断产生向煤壁方向倾斜的裂缝。当裂缝达到冒落条件时，促使冒落洞穴又扩大，但形状基本没变，还为梯形状，洞穴一侧脚位于支架顶梁上，另一侧受煤壁片帮的影响，其拱脚位于煤壁侧内。此时直接顶后部沿裂缝产生了向采空区的垮塌。直接顶已成为不完整的块体，如果不采取必要的措施，直接顶随时都有倒塌的危险，如图4-26所示。此后，端面冒落拱保持相对稳定状态，而后部直接顶则不断垮落，支撑在支架顶梁上的直接顶部分越来越缩小，靠近顶梁的大部分直接顶已呈松散状态，裂缝渐渐增多。由于直接顶载荷合力作用点的前移，支架顶梁渐渐呈低头工作状态。最终在老顶压力作用下，顶梁不断低头，端面实际无支护空间不断扩大，紧接着端面顶板失去平衡而垮落，导致直接顶全部破坏。

图4-26　直接顶破坏状态

4.5.3 ⅡC模拟实验模型

本台实验模型仍是模拟在老顶变形失稳条件下，直接顶为楔形体的运动规律，但相对ⅡB模型来说，支架工作阻力较大，并且老顶断裂步距较短。

ⅡC模型与ⅡB模型的区别可从图4-27的直接顶开始破坏状态看出，直接顶的变形破坏位移场和网格图如图4-28和图4-29所示。

图 4-27　直接顶开始破坏状态

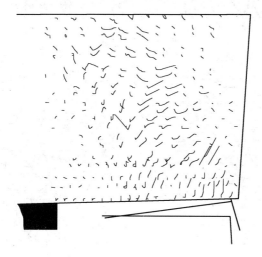

图 4-28　直接顶变形破坏位移场

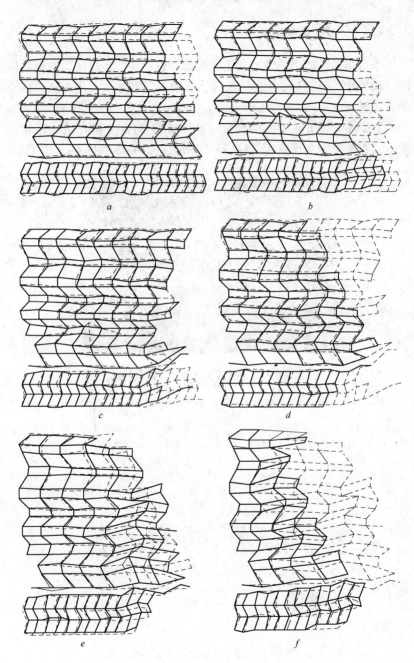

a

b

c

d

e

f

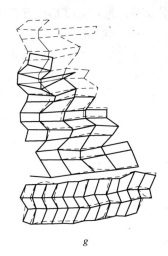

g

图 4-29 直接顶变形破坏网格

直接顶总的破坏是以后部直接顶为主，端面部分基本上未受破坏，直接顶变形破坏全过程如下：

老顶开始挤压直接顶，支架工作阻力上升到较高水平，此时直接顶后部上位岩体出现垮塌区域，而其下位岩体出现裂缝。裂缝继续扩大，并且向上延伸，逐渐由一条转为多条，裂缝群渐渐扩大，使被切割的这部分直接顶岩体碎裂和垮塌。同时，支架顶梁尾部上的直接顶已遭到多条裂缝切割呈破裂状态，导致经直接顶传递的顶板载荷合力的作用点前移，支架顶梁处于低头工作状态。随着老顶失稳运动的发展，支架低头进一步加剧，支架尾部上方直接顶愈破碎且成一堆散体和不能传递老顶压力，而端面直接顶由于受支架低头提供的水平力作用处于稳定状态。直接顶后部上位岩体破坏继续发展，同时在煤壁上方区域的直接顶也出现了向采空区倾斜的裂缝，这说明直接顶破坏加剧。老顶进一步失稳运动，致使直接顶后部上、下位岩体均遭到破坏，并且破坏区向前发展，破坏区内直接顶成为一堆散体，而端面上方直接顶出现一组平行裂缝，均向采空区倾斜，意味着即将向采空区方向倾倒。此时，老顶断块由于只有前部直接顶支撑，后部已处于悬空状态，但由于断块间相互挤紧，形成砌体梁式的平衡才不致垮落失稳。在直接顶后部散体散落的同时，端面上方直接顶岩体也出现了向煤壁方向倾斜的裂缝，这些裂缝与向采空区倾斜的裂缝相互交叉，将直接顶分割成楔形块体的组合体，且处于离散状态，直接顶成为不稳定体。然后直接顶后部向采空区垮塌，剩余的散体成一自然安息角状态堆积于支架顶梁上，同时在支架顶梁前部上的直接顶出现了一组向煤壁方向倾斜的裂缝。至此，整个直接顶除了端面部分未失稳外，其他部分已冒落或受裂缝严重切割。当老顶进一步回转时，由于得不到直接顶的足够支撑，老顶岩块之间咬合点处摩擦力又不足以维持老顶岩块的平衡，导致老顶出现滑落失稳。

4.6   直接顶岩体破坏冒顶的控制

直接顶破坏冒顶的控制应从导致直接顶破坏冒顶的外因和内因入手。外因不外乎其老顶边界条件和支架的支护作用，老顶变形失稳条件下直接顶岩体同时存在拉伸和压缩破坏区。内因主要是直接顶的裂隙类型、分布形式、裂隙间距 I、直接顶分层厚度 h、直接顶岩块单向抗压强度 R_c 等。从这几方面入手，结合模拟实验结果，得出以下控制措施：

4.6.1   老顶方面

人为控制老顶不发生回转失稳运动是不可能的，但可以采取一些措施来防止老顶产生滑落失稳及减少老顶回转角。

（1）防止老顶产生滑落失稳。按照力学分析及实践验证的结果，支架工作阻力由于离老顶岩块回转点的力臂小，因而很难阻止老顶断裂时变形失稳的发生，但此时应加强支护物的稳定性和防止破坏。滑落失稳产生的危害远大于回转失稳的危害，如第 I 组实验第 A 台模型和第 II 组实验第 A 台模型，最终老顶产生滑落失稳导致整个直接顶剪切破坏，端面直接顶整体下切、后部直接顶遭破坏，且导致支架前柱被压死，顶梁低头严重，端面顶板大范围冒落。要防止滑落失稳，一方面可增加支架的初撑力和工作阻力，但初撑力不宜过大，这样可能导致直接顶的早期破坏，亦提高了支架成本。另一方面也可加快工作面推进速度，使工作面尽快通过老顶断裂线，同时加强老顶来压预报工作。

（2）减小老顶回转角。回转角的影响因素包括老顶在煤壁前方断裂位置、老顶断块长度，老顶岩层的厚度、老顶岩层所承担的载荷、老顶岩层的岩石强度、煤层和直接顶的弹性模量，以及直接顶的厚度与采高的关系、矸石的碎胀系数和刚度。要减小回转角，可从提高煤层和直接顶强度入手，减少煤壁片帮，加强控顶作用，以及对采空区进行充填等，当然最好还是加快推进速度来减小老顶回转失稳的影响。这些措施都是相辅相成的。

4.6.2 直接顶方面

直接顶本身主要是其裂隙系统发育程度及其发展，以及直接顶的载荷场等。裂隙系统的存在，削弱了直接顶的强度，破坏往往从裂隙处开始，实验已经证实了这一点。控制端面冒顶必须控制端面关键块体的滑落失稳或保持端面冒落拱的稳定性。

（1）合理布置采区、划分工作面和安排开采顺序。通过这些措施来改善工作面矿山压力分布，减缓煤壁前方支承压力，从而减缓原生和构造裂隙的进一步发展及采动裂隙的产生。

（2）通过控制老顶失稳运动和支架反复支撑次数来减少采动影响所导致的直接顶裂隙系统进一步发育和发展。

（3）对直接顶裂隙系统进行处理。主要是对工作面顶板钻孔，采用高压注入固化剂，使其顺着裂隙面流动、渗透、黏附，使裂隙面上的黏结力和摩擦力增大，从而使块体抗滑力增大，也使关键块体成为稳定块体，有利于直接顶稳定。

（4）采用俯采，尽量避免仰采。这是因为俯采对控顶区直接顶产生的水平挤压力有利于端面顶板控制。仰采时，支架难以形成有效的水平支护力，该水平支护力还需平衡直接顶岩体指向采空区的自重下滑力，不利于端面顶板控制。

4.6.3 液压支架方面

液压支架是综采面顶板控制的关键设备，可通过合理的设计来选择支架架型和参数，并对支架加强管理来最大发挥支架的效用。

（1）增加支架支护水平力。众所周知，这是控制端面滑落冒顶及冒落拱稳定性的一个重要因素。端面为无支护空间，故支架垂直支护力不能作用于端面顶板，但水平支护力可对其产生支护作用并有利于防止关键块体冒落和维持冒落拱的稳定。

（2）合理控制顶梁低、抬头角。顶梁低、抬头角的控制也是一个受多因素影响的问题，应从支架平衡千斤顶设计、合理操作支架以及加强管理等方面进行控制。顶梁低、抬头角对冒落拱影响较大，这可从多台模型的直接顶破坏冒落实验中看出。

（3）提高支架初撑力和工作阻力。这涉及到支架合理参数选择以及对支架的合理操作来保证足够的初撑力和工作阻力，进而更好地保持直接顶的稳定性。初撑力不足会导致直接顶早期离层，提高初撑力和工作阻力有利于控制老顶失稳运动，特别是滑落失稳。若工作阻力不够会使支架立柱压死，如第Ⅰ组第A台和第Ⅱ组第A、B台模型。

（4）缩小端面距。采场端面无支护空间越大，意味着直接顶岩体在老顶作用下越容易失稳破碎。缩小端面距的方法包括合理选择架型和参数，提高梁端初撑力，加固煤体减少片帮深度，采用正确的移架方法等。

4.6.4 人为管理方面

人为管理主要是人的因素，拥有好的设备和顶板条件也需有好的管理者。

（1）及时处理局部冒顶洞穴。直接顶关键块体冒落后会引发更大冒顶。因此，出现这种情况后应立即采取相应的控顶措施，包括用膨胀泡沫塑料等进行充填。

（2）加快工作面推进速度。采取前述的措施处理好了，有利于工作面推进速度加快；采面推进速度快了，直接顶稳定性会更好，从而形成一个良性循环。反之，则是一个恶性循环。

（3）加强顶板和支架的监控工作。这应是一项日常的矿压管理工作。通过对工作面顶板和液压支架工况监控，才能及时发现问题、解决问题，将事故隐患消灭在萌芽状态，保证工作面的正常生产。采用一些必要的监控硬件和软件以形成支架—围岩监控系统，可以提高监控工作的科学性和准确性。

5 综采支架—围岩工作状态的监测与控制

5.1 监测的目的与指标

我国综采面支架—围岩事故占总事故的 1/3 以上，综采面支架—围岩事故一直是制约综采高产、高效的主要因素，每年有近 1/6 的综采面因顶板和支架事故处于低产状态，个别低产综采面煤炭月产量甚至只有几千吨，其余综采面也不同程度地受到顶板和支架事故的影响。大采高综采面更是由于开采高度大、液压支架重型化和矿压显现显著加剧，导致采面支架—围岩系统控制成为国际性采矿难题。

大量的支架—围岩事故严重制约了综采效能的发挥，支架—围岩事故居高不下的关键难题在于复杂多样生产地质条件和井下恶劣环境中支架—围岩系统可靠性低，缺少科学采集处理支架—围岩信息并确定合理监测指标和有效控制技术措施的监测系统，导致支架支护能力难以有效发挥和冒顶倒架事故的恶性循环。这是实现综采面高产高效、安全和提高社会经济效益必须解决的问题。

液压支架作为综采面顶板支护设备，是支架—围岩系统的重要组成部分，液压支架工作状态将直接影响综采面的高产高效。根据多年对支架—围岩系统易发事故的原因和部位的统计分析，确定对液压支架初撑力、操作阀、顶梁俯仰角等液压支架典型工况和乳化液泵站进行实时监控，以保障支架—围岩系统正常运行。

选择监测指标的基本原则是根据支架—围岩关系，既要简化指标体系，保证可操作性，又要突出重点，抓住主要矛盾。为此，把监测指标分成关键指标和辅助指标。针对直接顶的控制问题，特别是对端面顶板的主动控制，选取了支架（柱）初撑力作为监测的关键指标，是监测控制的中心环节。

采矿工作者以关键指标作为监测的中心环节，同时选取其他有关指标来综合评价支护质量的优劣和顶板控制的合理性。主要包括：（1）液压系统工况（泵站压力、液压管路和密封件完好状况等）；（2）支架在工作面空间的几何状态（是否有歪架、倒架、前倾、后仰及顶梁台阶等现象）；（3）端面顶板冒落洞穴（长度、宽度、高度）。根据不同的监测对象及物理量，用不同的仪器和方法进行监测。

5.2　液压支架支护质量监测

据近 20 年的综采（放）工作面资料统计，因冒顶影响正常生产的时间占各类事故总时间的 30% ~ 40%，特别是采场端面顶板的冒落和回采巷道的超前支护质量，是影响生产的主要事故因素。造成冒顶的原因除地质构造、顶板破碎的自然因素外，就是液压支架支护质量问题，尤其是液压支架初撑力低，有的实际初撑力只占额定值的 50% 左右。为加强现场技术管理，各个煤矿综采（放）面积极开展了综采（放）面支护质量与顶板动态监测。经过 10 多年的实践和发展，取得了较好的效果，为进一步加强顶板控制，减少冒顶事故的发生，提高综采（放）工作面效率，提供了可靠的保证措施。

5.2.1　矿压监测仪器及方法

对液压支架质量的监测，主要是对液压支架各监测部位的压力进行监测。目前测量压力的仪器多种多样，归纳起来主要有 4 种类型：（1）压力表。（2）圆图压力记录仪。（3）矿压智能监测仪。将振弦式压力传感器与液压管理快速接头连接，根据不同的压力，输出不同的脉冲信号给单片机，通过液晶显示实时压力数值，利用串行通讯接口 RS—232，将数据传送给防爆便携计算机进行现场压力图形分析和井上压力图形打印。（4）矿压计算机监测系统。由压力传感器与压力快速接头连接，将采集到的模拟信号送入单片机，并对数据进行处理。通过液晶显示压力值。测量到的压力数据经由通信口送到井下中心站，再由井下中心站传输到地面调度室主机进行分析和打印。各种类型监测仪器性能和特点如表 5-1 所示。

表 5-1 各种压力监测仪器性能和特点一览表

种　类	压力表	圆图压力记录仪	矿压智能监测仪	矿压计算机监测系统
显示、记录	实时显示人工记录	实时显示记录	实时显示自动存储	实时显示自动存储
准确性	中	中	高	高
受环境影响	较低	较低	低	中
稳定性	一般	中	较高	较高
易维护性	好	好	较好	一般
成　本	低	较低	中	高

由于压力表和圆图压力自记仪简单、无存储功能，下面介绍一下由单片机构成的两种智能监测仪器的原理和方法。

5.2.1.1 矿压智能监测仪

矿压智能监测仪系统框图见图 5-1。

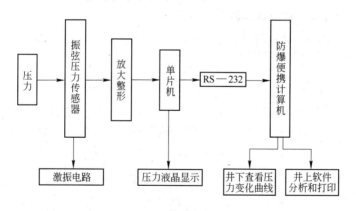

图 5-1 矿压智能监测仪系统框图

整个监测系统由振弦式压力传感器、矿压智能监测仪、防爆便携计算机组成。矿压智能监测仪安装在井下液压支架上，一台矿压智能监测仪最多可以接 16 个传感器，即可监测多个支架 16 个部位（前、后立柱，前探梁）的压力情况。

矿压智能监测仪以单片机为核心，扩展了时钟、程序及数据存储器、传感器选通和液晶显示电路。仪器工作时，单片机控制选通电路对16路传感器进行循环激振（循环周期为1min），并拾取传感器振动信号。经数字滤波及计算后，压力值和采样时间可显示在液晶显示屏上。数据存储器分为用于存储长期档案和短期档案存储器两种，存储间隔可用程序设置，一般可设为短期档案每10min存储一次，长期档案每1h存储一次，采用循环队列方式存储，短期档案的数据量为800组（130h），长期档案的数据量为400组（400h）。系统设有串行通讯口，经光电耦合器，单片机可以在井下和防爆便携计算机进行数据通讯，将存储在数据存储器中的长期和短期档案传输到计算机中，以便在井下或井上用防爆便携计算机通过软件对监测数据进行进一步地分析。该系统无需用电缆将数据长距离传输到地面，省去了许多串扩器、调制解调器，降低了系统成本。另外，在井下可通过防爆便携计算机图形显示井下各路压力动态变化，发现情况后，及时处理，缩短了井下现场从发现问题到处理问题的时间周期。

5.2.1.2　矿压计算机监测系统

矿压计算机监测系统由支架压力监测单元、井下中心站、地面主机组成，系统框图见图5-2。

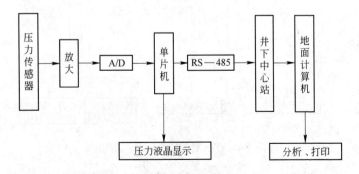

图5-2　矿压计算机监测系统框图

支架压力监测单元主要由单片机、A/D变换器、隔离电路、液晶显示器、通讯接口、DC—DC变换器、压力传感器等组成。1个支架压力监测单元接 3 个压力传感器，由单片机控制工作，压力传感器与液压管理快速接头连接，将采集到的模拟信号经 A/D 转换后送入单片机，并对数据进行处理。一方面通过液晶显示器分别显示支架的前柱、后柱和前梁千斤顶的压力。另一方面将采集到的压力数据经编码后由 RS—485 通信口送到井下中心站，再由井下中心站用电流环方式传输到地面调度室主机。该系统具有下列特点：

（1）地面主机监测数据可以接入企业 Intranet 网，供网络内其他机器共享。

（2）系统开放性好。数据库提供开放的 SQL 服务，方便和其他系统软件交换数据，信息共享方便。

（3）利用多媒体技术，设计人机交互界面，具有直观生动的特点，系统利用动态提示，操作简便。

5.2.2 监测方法

根据所选用监测仪器的不同，以监测初撑力为中心环节在工作面液压支架上安装监测仪器，对支架的支护阻力包括支架立柱和前梁千斤顶的初撑力、工作阻力以及支架立柱的工作特性等进行监测。图 5-3 为矿压智能监测仪测量 2705 工作面 50 号支架下柱、上柱、前梁压力情况；图 5-4 为矿压计算机监测系统测量 5319 工作面 60 号支架支护阻力随推进循环的变化情况。为了便于监测数据的处理，以及初撑力和其他监测指标相对应，一般按均匀间隔，人为地选定 20 个测站。根据工作面不同情况的需要，测站既可固定，也可移动，还可以增加密度。综采工作面支护质量监测的目标是通过改善支架—围岩关系，确保端面顶板（煤）稳定性，防止其冒漏。影响综采工作面控顶效果的因素如图 5-5 所示。在综采面地质条件及支架架型与参数一定的条件下，支护质量主要反映在支架工作状态上。由于老顶的运动状态是给定的，老顶运动对采场的影响程度取决于支架选型的合理性及其支护质量。因此，综采面支架—围岩系统监测以监测支架支护质量为主，并通过支架阻力的变化和矿压显现程度来分析顶板压力的变化及其影响程度，进而反馈信息和修正监测指标。

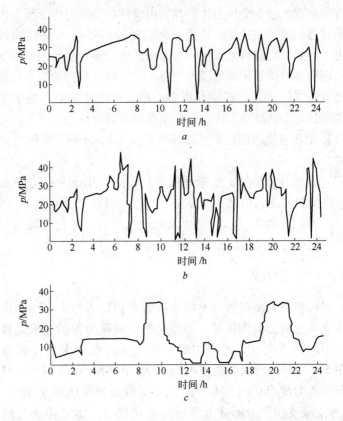

图 5-3   2705 工作面 50 号支架不同部位压力变化

a—下柱；*b*—上柱；*c*—前梁

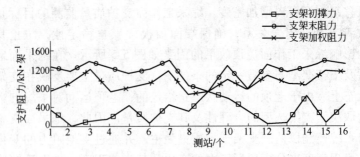

图 5-4   5319 工作面 60 号支架支护阻力随推进循环的变化情况

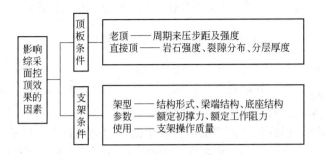

图 5-5 控顶效果的影响因素

通过对采集信息的综合分析，以报表的形式给出工作面支护状况和端面顶板稳定性的评价和建议，为决策职能部门合理有效地进行生产管理提供依据。

5.3 高架顶梁俯仰角的监测与控制

综采放顶煤开采以及对矿山压力及支架—围岩关系的进一步研究，使得人们对支架上方直接顶（含顶煤）的力学介质属性及其对支架—围岩关系的影响有了新的认识。在综合机械化开采条件下，端面顶板的稳定性控制是顶板控制的重点。在煤层赋存条件一定的情况下，端面顶板的稳定性除与端面距的大小有关外，还与支架的支护状态有关，即支架的支护阻力和支护角度影响端面顶板的稳定性。对于大采高综采面，特别是仰采条件下，高架顶梁俯仰工况（抬头或低头）更是支架—围岩系统监控的重点。高架顶梁俯仰角 γ，亦称顶梁低头、抬头角，它是指高架顶梁平面沿走向方向偏离水平方向的角度。高架顶梁俯仰角的增大不仅降低了高架承载能力甚至损坏支架构件本身，而且与直接顶稳定性相互影响。现场生产实践中二柱掩护式支架（平衡千斤顶保持支架整体结构稳定性和具有调整顶梁俯仰角功能）的顶梁俯仰角问题尤为突出。随着综采面不断向前推进，采场前方直接顶岩体不断过渡到机道上方成为端面直接顶，老顶断裂岩块失稳运动和支架反复支撑导致或加剧端面直接顶采动裂隙系统的形成和发展，并使直接顶岩体首先进入前期的整体稳定性变形破坏阶段。高架顶梁俯仰角不仅影响支架本身的承载特性，而且还是影响直接顶变形破坏的重要因素。因此，对大采高支架顶梁俯仰角进行监控是十分必要的。

5.3.1　支架顶梁俯仰角监测的方法和装置

目前井下测量倾斜状态的仪器无非以下几种：水泡、水平仪、罗盘、坡度规等。其中水泡、水平仪主要用来校准某一水平面的，并不能准确量测倾斜的具体角度。而罗盘、坡度规则可对倾斜的具体角度进行量测，但这种机械式量测仪器不能自动进行计算、显示、存储，测量精度受操作人员水平各异的影响，更不能反映液压支架倾斜变化过程。市场上已有的倾斜角传感器，如差动变压器式、电容式、精密电位器式、石英振动法、Watson 法、光码盘式、偏振片式、气泡电极式、"气流热丝"式等多种结构，其中绝大部分结构复杂、成本较高，在使用寿命、环境适应性、微弱信号处理、抗干扰能力方面具有一定的局限性；另外一部分在测量精度、分辨率及测量范围方面受到一定限制，能够适用于井下恶劣环境，满足支架倾斜角度测量的传感器不多。这里介绍一种新的适用于井下支架倾斜状态监测的装置。该仪器由磁敏电阻作为敏感元件构成倾斜角度传感器，可将倾斜角度传感器固定安装在液压支架顶梁上，对支架顶梁俯仰角倾斜状态进行监测，根据倾斜的程度输出不同的电信号，通过单片机进行显示、存储，以此来达到监测支架顶梁俯仰角变化状态的目的。

5.3.1.1　倾斜角度传感器基本原理及仪器构成

磁敏电阻型倾斜角传感器是一种新型的结构型传感器。它采用高性能磁敏电阻作为敏感元件，不仅对磁场强度敏感，而且对磁场方向也非常敏感，利用自动摆驱动永磁体转动，使磁敏元件无接触地感应磁通量的变化，将永磁体与磁敏电阻相对转动角度的变化转化成电阻值的变化，经过信号变换将倾斜角度转换成电信号输出。由于结构上无触点接触，使传感器具有：信噪比高；对磁场感应强度不受环境中水、油、粉尘等介质的影响；可靠性高、使用寿命长等特点，其结构原理见图 5-6。用精密轴承同轴固定永磁体和自动摆锤，将磁敏电阻以一定间隙与半圆形永磁体完全同心固定在对应的位置上。当固定架由于外部倾斜发生转动时，自动摆始终与地面保持垂直，致使永磁体与磁敏元件之间产生相对角位移，当永磁体在磁敏电阻上运动到不同

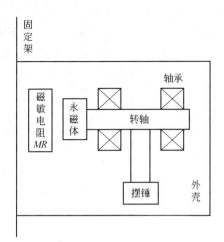

图 5-6 倾斜角度传感器基本原理图

位置时，磁敏电阻阻值发生改变，导致输出信号与其对应发生变化。

　　磁敏倾斜角传感器的关键部件是高性能的磁敏电阻片，该磁敏电阻片具有随外界磁场变化而产生数倍变化的特性，电阻值与外加磁场的变化关系如图 5-7 所示。

　　一般磁阻变化率越高，磁敏电阻元件灵敏度越高，对相同的外界变化输出信号越大，信噪比越高，越易分辨处理信号。从图 5-7 得出：在磁场强度 3kGs 以上，磁阻变化率（R_B/R_0）≥2.5 倍。

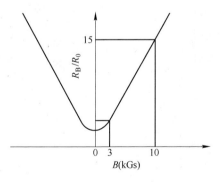

图 5-7 电阻比与外加磁场关系

R_B—外加磁场时的电阻值；R_0—未加磁场时的电阻值；R_B/R_0—磁阻变化率

高性能磁敏电阻不但对磁场强度敏感，而且对磁场方向也非常敏感，当磁场方向和电阻条平行时其电阻值（$R_{/\!/}$）最大；垂直时阻值（$R_\perp$）最小，当磁场方向和电阻条成某一角度 θ 时，则有如下的关系：

$$MR_1(\theta) = R_\perp \sin^2\theta + R_{/\!/}\cos^2\theta \qquad (5\text{-}1)$$

$$MR_2(\theta) = R_\perp \cos^2\theta + R_{/\!/}\sin^2 \qquad (5\text{-}2)$$

如果磁场方向与磁敏电阻平面平行，而与磁敏电阻轴线成一角度 θ 时，磁敏电阻中点输出电压有如下关系：

$$V(\theta) = 1/2 V_{IN}[1 - (\Delta R/2R_0) \times \cos 2\theta] \qquad (5\text{-}3)$$

$$\Delta V(\theta) = -1/2 V_{IN} \times \Delta R/2R_0 \times \cos 2\theta \qquad (5\text{-}4)$$

式中　R_0——零磁场时的磁敏电阻阻值，Ω；

　　　ΔR——在磁场作用下 $R_{/\!/} - R_\perp$，Ω；

　　　V_{IN}——加在磁敏电阻上的电源电压，V。

由磁敏元件构成的倾斜传感器是将两个半导体磁敏电阻元件串联连接，并用永久磁铁加上磁偏压，磁铁在具有磁阻（磁阻元件的电阻值为 MR）的芯片上运动时，两个元件的电阻发生互补变化，从而输出不同电压。当永磁体在磁敏电阻上运动到不同位置时，等效电路图见图 5-8。

磁敏电阻的阻值发生改变，导致输出信号与其对应发生变化，其输出特性曲线见图 5-9，输出关系为：

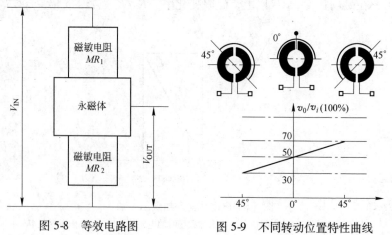

图 5-8　等效电路图　　　　图 5-9　不同转动位置特性曲线

$$V_{OUT} = \frac{MR_2 V_{IN}}{MR_1 + MR_2} = -\frac{V_{IN}}{2} + \frac{\theta(\beta - 1)}{\pi(\beta + 1)} V_{IN} \qquad (5\text{-}5)$$

5.3.1.2 磁敏电阻元件的温度特性与补偿

磁敏元件使用时应注意解决温度稳定性问题。磁敏电阻元件的温度系数为 $1\% \sim 2\%/℃$。在磁敏电阻制备过程中，由于 MR_1 和 MR_2 的温度系数不同造成温度漂移，根据需要对其进行补偿。

A 采用差动电桥方式提取信号

由于自补偿效应，中点输入与输出电压比的温度稳定性可提高一个量级。

$$\frac{V_{OUT}}{V_{IN}}/\Delta t \leqslant (0.05\% \sim 0.1\%)/℃$$

$$\frac{\Delta V_{OUT}}{V_{IN}}/\Delta t \leqslant 0.05\%/℃$$

B 热敏电阻式补偿

补偿原理如图 5-10 所示。通过计算选择适当热敏电阻，补偿结果为经温度补偿后，降低了磁敏元件受环境温度的影响。磁敏电阻 MR 的输出特性因永磁体覆盖圆形磁敏电阻，MR 相对面积随角度变

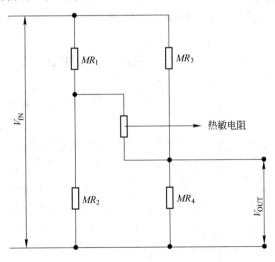

图 5-10　温度补偿电路

化近似正弦规律，一定范围内（ - 45° ~ 45°）可近似为线性规律，将输出信号送入单片机，经运算后可显示出倾斜的角度。倾斜状态监测仪原理框图如图 5-11 所示。

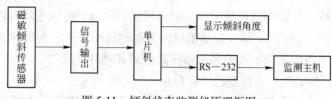

图 5-11　倾斜状态监测仪原理框图

5.3.2　高架顶梁俯仰角与直接顶破坏的关系

实验室模拟实验及现场观测表明，当高架顶梁存在一个俯仰角 γ 时，对工作面直接顶的稳定性，尤其是对端面直接顶板的稳定性影响很大。研究表明，要维护端面顶板的稳定性，不仅需要支架提供足够的垂直支撑力，而且还需要支架提供足够的、有利于顶板稳定的水平支护力，同时还要求端面距不能超出一定的范围。一般情况下当顶梁抬头超过 10° 时，对顶板的水平支护合力方向指向采空区，使端面顶板受拉而使其更加破碎和易冒落，极不利于端面顶板在这一综采面薄弱区的控制。下面对高架顶梁工作状态进行分析。

5.3.2.1　高架顶梁处于仰起（抬头）工作状态

高架顶梁处于仰起工作状态主要是由于顶板压力作用于顶梁后部引起的，出现这种情况原因可能有：

（1）老顶破断岩块发生回转变形失稳，支架顶梁由于老顶的回转而出现抬头；

（2）端面顶板出现破坏后使顶板压力作用点后移；

（3）顶板平整性、支架自身支护性能和操作失误问题。

顶梁抬头严重影响支架水平支护力对顶板的支护效果，恶化顶板受力状况和缩小支架有效支撑范围，端面直接顶变形破坏和支架向前推进后顶梁还有不断上抬的危险。随着老顶回转运动和支架顶梁仰起角度的不断加大，直接顶上位岩体在前部和后部区域皆产生拉伸裂缝，由于拉伸裂缝的不断形成和扩展而整体向采空区方向运动和下沉。直接顶下位岩体在后部区域逐渐产生了张裂缝，在前部区域由于挤压和剪切应力作用亦产生裂缝。随着直接顶变形破坏的持续发展，直接顶岩体在前部（端面和煤壁上方区域）和后部区域形成纵向破碎带。模拟实验结果和现场实践表明，顶梁的仰起不利于直接顶变形破坏的控制，顶梁处于较佳工况应控制俯仰角 γ 不大于 $5°$，极限值不应超过 $10°$。

5.3.2.2 高架顶梁处于俯下（低头）工作状态

高架顶梁处于俯下（低头）工作状态主要是由于顶板压力作用于支架顶梁前部引起的，出现这种情况的原因可能有：

（1）老顶破断岩块发生滑落失稳，使直接顶岩体在前部发生滑移失稳和台阶下沉；

（2）位于顶梁尾部上方的直接顶岩体发生压剪破坏失稳并冒入采空区；

（3）顶板平整性、支架自身支护性能和操作失误问题。

支架低头工作时一方面加大了端面空顶距，另一方面使顶梁与顶板之间接顶面积减小和接顶状况恶化，反而降低了支架顶梁前端的支撑能力和支架整体支护力。随着老顶滑落失稳下沉量增大和支架顶梁低头加剧，端面直接顶在剪切和挤压作用下出现严重破坏和疏松离散。显然，支架顶梁低头十分不利于端面顶板控制，模拟实验结果和现场实践表明：顶梁处于较佳工况应控制俯仰角 γ 不小于 $0°$，即顶梁不应在低头状态下工作，顶梁俯下角度控制的极限范围是 γ 大于 $-5°$。

5.3.3 高架顶梁俯仰角控制范围与措施

运用倾斜状态监测仪可根据现场实际情况对支架顶梁俯仰角进行监测与控制。采面临界仰采角度 α_0 是反映支架—围岩系统支护参数、载荷场和地质条件的综合性指标，模拟实验和现场实测结果表明，当实际仰采角度 α 大于某一临界值 α_0 时，端面顶板难以形成稳定的冒落拱，端面顶板便会出现严重冒漏顶事故，导致综采面生产难以正常进行。直接顶碎裂岩体冒顶的有效控制应根据现场实际情况，尽可能地减小采面实际仰采角度 α 和增大临界仰采角度 α_0。

减少采面实际仰采角度 α 应在开采设计中力求避免仰斜开采，

综合考虑地质条件，设计选择合理的工作面推进方向，现场生产过程中在局部仰采角度较大区域可通过合理调控采高减小 α，增大临界仰采角度 α_0 的途径有：

（1）增大顶板与支架顶梁钢板之间外摩擦角 ρ_0 值。增大 ρ_0 可以通过改变顶梁表面形状或材料以增加外表面粗糙度来实现，ρ_0 最大值不应超过碎裂结构散体内摩擦角 φ_0，因为 ρ_0 大于 φ_0 时，相对滑动就不会沿着顶梁表面发生，而是沿着碎裂岩块紧靠顶梁表面的一个面产生。此外，振动会降低支架顶梁与碎裂岩块之间外摩擦系数，因而割煤后支架应承压擦顶一次前移到位，平时不要随意操作支架而扰动直接顶岩体。

（2）减少高架顶梁实际俯仰角 γ，可通过平衡千斤顶优化设计、合理操作平衡千斤顶和支架，保持良好顶板状态来实现。

（3）缩小实际端面距。通过使煤层主节理倾向煤壁、合理选择和使用支架护帮装置等措施减小煤体片帮深度；通过支架采用伸缩或折叠前梁、煤壁，避免留伞沿、支架移到位和必要时超前移架以减小梁端距；通过保持顶梁与直接顶良好接顶和冒顶洞穴的处理以减少接顶距。

（4）增大梁端支撑力和支架实际水平支护力。选择液压支架合理架型和参数，使梁端支撑力较大且具有较强自身调节能力，充分发挥额定初撑力和工作阻力并避免支架出现异常工况。

（5）改善直接顶碎裂岩块块度和载荷场。尽量减小超前支撑压力和分层开采对直接顶破坏程度，减少支架对顶板的不必要扰动，必要时进行顶板加固和采空区充填。

5.4　液压系统工况的监测

在支架—围岩系统监控中，准确判定和诊断综采液压系统的工作状态是提高综采面开机率，实现高产、高效的必要条件之一。尽管前面对液压支架的初撑力等重要监测指标提出了相应的监测方法和手段，但对于井下恶劣环境中液压支架初撑力较低的原因，尤其是液压系统自身工作状况是否正常缺少应有的了解。为了提高对液压支架产生故障的部位、原因的诊断监测水平，有必要多角度、全方位对液压支架其他部位和特征参量进行监测，尤其是支架液压系统的监测。

支架液压系统（立柱、千斤顶、安全阀、单向阀、操纵阀、管路及连接件）出现乳化液泄漏（内部泄漏和外部泄漏）故障必然导致支架出现失效故障和支护能力不能充分发挥。井下环境恶劣，生产地质条件复杂，支架液压系统元件使用寿命短，泄漏故障率高且难以被人们通常的视觉、触觉、听觉所直观发现，由内部泄漏而引起的支架液压系统的内部串液尤为如此。这就需要建立一整套井下对支架液压阀泄漏故障的监测、诊断方法和手段。众所周知，液压支架突出的缺点就是出现故障时不易快速查找原因，由于流体的连续性和压力传动的均布性使得液压系统故障的因果关系难于观察清楚，故障的某些征兆有相当的复杂性和隐蔽性，往往难以依靠传统的感官和经验进行液压支架泄漏故障的诊断，这就需要我们对支架液压阀泄漏故障的特征进行提取和分析，以找出液压支架泄漏故障的快速、准确的分析方法和诊断手段。

监测液压系统泄漏的状态参数有许多，如压力、流量、噪声、振动等。根据液压系统内部压力高，发生泄漏时会引起高压射流和液体流动，而高压射流在泄漏处会产生频带较宽的噪声信号，其频带从音频到超声范围的特点，把噪声、压力作为诊断的特征参数，利用它们与液压系统状态相关性强、对异常反应灵敏、而且能定量分析和判断的特点，采用液压泄漏检测仪，配合液压监测对支架液压系统进行工况监测。

液压支架的液压泄漏有"外"、"内"泄漏之分，外泄漏是指液压支架表面，所能看见的立柱密封不好或管路破损造成的泄漏；内泄漏是指支架内部，不能看见的阀的内泄、串液。对这两种不同形式的泄漏，应采用不同的传感器及方法加以检测。根据实验室用频谱分析仪对操作阀 O 形密封圈、阀座模拟失效分析得出的结果：

（1）液压系统无泄漏时，信号主要集中在 500Hz 之间；

（2）有泄漏产生时，出现 3~19kHz 的高频信号；

（3）阀座泄漏比密封圈泄漏产生信号的幅值大得多；

（4）因泄漏产生的信号能量受泄漏损坏部位大小影响，泄漏的断面大小对信号幅值影响较大。

针对泄漏所产生的一定范围的高频信号，通过特殊的电路设计对泄漏进行检测。

5.4.1 外泄漏检测

液压系统泄漏基本上是由于密封失效而引起的。因液压系统内外压差很大，泄漏的液体的雷诺数一般较高，不会形成层流，而是形成了射流。对于射流，由于射出的液体较周围气体速度大得多，所以周围的气体会不断地被卷吸进流动区域，因而会不断地形成漩涡。这样在其喷射空间分布着无数大小和形状各异的漩涡，这些漩涡在靠近泄漏处的空间范围内，受液体不断喷射的影响，不断地发展，破裂，产生新的漩涡。根据涡动力学理论，"涡"就是流体的声音，关于射流产生声波的研究，Lighthill 早在 1952 年就有论述。因此我们得出结论：高压液体泄漏致使附近区域气体产生漩涡，而漩涡又转变为声波，也就是泄漏产生超声波。由于泄漏所产生的超声波大多为高频成分，当检测超声波时，环境噪声干扰较小，利用超声波传感器对普通环境噪声不敏感的特点，用超声波传感器探测高压液体通过小孔狭缝时所发出的通过空气传播的超声波，从而找出泄漏处。检测原理图如图 5-12 所示。

超声波传感器→信号匹配→电荷放大器→滤波器(兼放大)→包络解调→液晶显示

图 5-12 外泄漏检测仪器原理图

5.4.2 内泄漏检测

在液压支架操纵阀的内部，液压系统发生泄漏，液体由高压腔向低压腔流动而引起串液，超声波传感器此时就无能为力了，因为这时支架外部并无液体喷射出来。这里需用高灵敏度压电加速度传感器来拾取高压液体因射流摩擦在泄漏缝隙处产生的振动和噪声信号或者高速流体喷射到对面零件上引起的振动和噪声信号，经信号匹配网络、电荷放大器放大后，送滤波器，经包络解调后通过液晶显示出来。检测原理图见图 5-13。

加速度传感器 → 信号匹配 → 电荷放大器 → 滤波器(兼放大) → 包络解调 → 液晶显示

图 5-13 内泄漏检测仪器原理图

5.5 乳化液泵站的监测

乳化液泵站是长壁综采的关键设备,泵站的效率是决定液压支架移架速度和支护质量的重要因素,直接影响高产高效工作面的生产效率。当泵站活塞与缸体间隙过大或内部阀组磨损超限产生严重的内部泄漏时,则泵站容积效率降低,输出流量不能达到额定值。但是由于乳化液泵站属于高压流体发生设备,系统内压力一般都在 30MPa 以上,使用人员往往是凭经验和感觉判定设备状态正常与否。由于使用人员水平和维修人员的技术水平差距很大,对于带病设备的诊断没有统一的标准和仪器,所以许多泵站长期带病工作,内泄漏十分严重,这种情况直接影响到了工作面的产量并造成能源大量浪费,泵站司机通常称这种现象为"这台泵没劲"。当乳化液泵性能降低到一定程度时,便会造成停产。目前我国煤矿现场对乳化液泵站缺少行之有效的监测方法和仪器。所以,当工作面支架动作失常时,不能立即确定故障源是在乳化液泵站还是在管路。尤其是液压系统出现泄漏故障,不易区分是系统管路的泄漏,还是乳化液泵站本身由于部件磨损而造成的内泄漏,这样不得不费时费力地逐点进行检验排查。

为了正确及时判断液压系统故障的部位和原因,了解乳化液泵站工作状况,有必要对乳化液泵站工作状况进行实时监测,这里介绍一种测试乳化液泵站容积效率的方法和仪器。

5.5.1 乳化液泵站测试原理及方法

利用截止阀 1、2 将系统管路与乳化液泵站分隔开(如图 5-14 所示),由乳化液泵站与测试仪器形成一个回路,这样乳化液泵站自身的工况就可以直接被监测到,而不受管路泄漏影响。

乳化液泵站测试仪是利用流体流动过程中通过节流孔时的流速、流量与节流孔前后腔之间的压力之间的关系实现对泵站有无自身泄漏

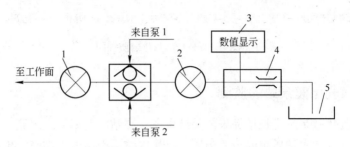

图 5-14 乳化液泵测试仪安装液压系统图
1，2—截止阀；3—测定仪；4—节流孔；5—乳化液箱

进行测量的。

根据流体力学可知，节流孔通过的流量 Q 与其两端的压力差 ΔP 有如下关系：

$$Q = C_q A \sqrt{\frac{2\Delta P}{\rho}} \qquad (5\text{-}6)$$

式中 C_q——流量系数；

A——节流孔面积，m^2；

ρ——流过介质密度，kg/m^3

通过检测节流孔两端的压差而求出其通过节流孔的流量。实践中，我们可以使节流孔出口直接通大气，这样，节流孔前的压强的数值就可以认为是节流孔前后两端的压差，即可以通过节流孔前对压力所测数值来表示该节流孔两端的压差。测定乳化液泵站排出流量的节流孔流量计接入位置的液压系统示意图如图 5-14 所示。

在正常生产时期，截止阀 1 开启，截止阀 2 关闭，泵站的输出直接通到工作面。

需要测试时，只需关闭截止阀 1，打开截止阀 2，高压液体通过节流孔流回油箱，这时的压力 P 对应一个流量值。由于乳化液泵站是定量柱塞泵，当输出流量为一常数时，通过节流孔的压差也为一常数。当泵站内部泄漏严重时，输出流量就会减小。这样表现出来的特征就是限流孔前后的压差降低，即所测压力下降。当泵站内部泄漏较大时，压力的衰减也会增大。根据正常时乳化液泵站的标定，通过对压力的测试得到泵站的故障状态和容积效率。

5.5.2 乳化液泵站测试仪的测试方法和仪器

5.5.2.1 机械表测试

机械式乳化液泵站测试仪的仪器构造如图 5-15 所示。

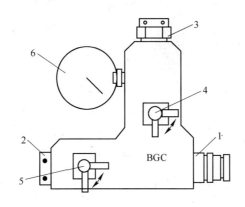

图 5-15 机械式乳化液泵站测试仪的仪器构造
1—通泵站接口；2—通液压系统接口；3—节流孔输出口；
4，5—截止阀；6—显示表

仪器的显示部分将原来的指针式压力、流量显示表改换成 P-Q-G 区域式故障显示表。在对泵站进行检测时，P-Q-G 区域式故障显示表可同时显示出泵站的实际输出流量、故障严重程度和测试时的压力，P-Q-G 区域式故障显示表外形见图 5-16。

P-Q-G 区域式故障显示表分为 3 个显示区，分别表示压力、流量、故障的严重程度。表盘上外侧的第一条刻度线表示测试时的压力，在测试中压力只起参考作用；表盘上外侧的第二条刻度线（中间刻度线）表示被测泵的实际流量；第四、第五条线包含的彩色环形区域表示故障的严重程度：黑色区表示失效区；红色区表示故障区；绿色区表示正常流量区；黄色区表示超流量区。新泵经过两天以上跑合后，泵的输出流量一般都会超过标称流量2%以上，这时测试时表针在绿色区域内摆动，随着泵站工作时间的累积增长，泵的机件

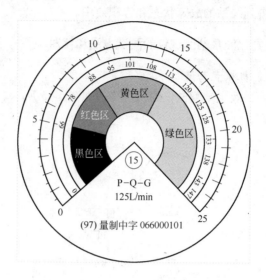

图 5-16　P-Q-G 区域式故障显示表外形图

磨损程度逐渐加重。当达到正常使用寿命以后，内泄漏和其他故障影响了泵的正常工作，流量逐渐下降，当测试时表针接近红色区域，就应进行保养性维修。当泵的被测流量下降到泵的标称流量的 80% 以下，表针进入红色区域（即故障区域），此时应对泵的故障进行针对性检修，如无效，泵站应上井检修，若发现正在使用泵的测试显示指针进入黑色区域，泵站应立即上井检修。

5.5.2.2　智能化乳化液泵站测试仪

机械式乳化液泵站测试仪具有结构简单、成本低、易于判断和操作的特点，但不能记录和存储乳化液泵站连续工作状况。为了在不同场合、不同要求下实现对乳化液泵站的连续监测，有必要用单片机构成的智能化乳化液泵站测试仪对泵站进行监测。下面介绍智能化乳化液泵站测试仪的一些特点。

智能化乳化液泵站测试仪由振弦式压力传感器、单片机等组成。具有液晶显示数值、数据存储、传输和报警功能。振弦式压力传感器采用双线圈连续自激方式，线路如图 5-17 所示。

振弦式压力传感器工作频率取自振弦的基频振动。对两端固定的

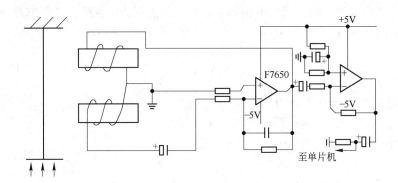

图 5-17 振弦式压力传感器激振线路图

弦，自由振动方程为：

$$\frac{\partial^2 y}{\partial t^2} - \frac{T}{\varepsilon} \frac{\partial^2 y}{\partial x^2} = 0 \tag{5-7}$$

式中 T——弦张力，N；

ε——弦的线密度，g/mm。

对两端固定的弦，某一初始状态 $y = y_0(x)$ 开始的自由振动将形成驻波：

$$y = B \cdot \sin \frac{n\pi}{l} x \cdot \sin\left(\frac{n\pi}{l} \sqrt{\frac{T}{\varepsilon}} t - \varphi\right) \tag{5-8}$$

最稳定的振动形式是基频（$n = 1$）振动，振动频率为：

$$f = \frac{1}{2l} \sqrt{\frac{T}{\varepsilon}} = \frac{1}{2l} \sqrt{\frac{\delta}{\rho}} \tag{5-9}$$

式中 l——弦长，mm；

δ——弦应力，Pa；

ρ——弦密度，g/mm。

在 l、ρ 一定的情况下，弦的振动频率仅决定于弦应力 δ，若初应力为 δ_0，变化应力为 $\nabla\delta$，则 $\delta = \delta_0 + \nabla\delta$。假设弦所增加的应力与传感器的工作膜受的外力 p 成正比，即：

$$\nabla\delta = kp \tag{5-10}$$

由式（5-9）、式（5-10）可得在不同的压力下，传感器中钢弦的振动频率满足下列函数关系：

$$p = K(f_0^2 - f^2) \tag{5-11}$$

式中 p——所测压力，MPa；

K——传感器固有标定系数；

f_0——初频，Hz；

f——所测频率，Hz。

该传感器由两个一定匝数和欧姆数电磁线圈和运放器组成自激振荡线路，运放器不仅起放大作用而且不断补偿钢弦在振动过程中被阻尼损耗的能量，使之输出连续等幅频率信号。

振弦式压力传感器弦的振动频率 f 一般在 1000~2000Hz 之间，若进行完整的采样和存储，一个频率值 f 势必要占用数据存储器的 2 个字节，即 16 位，为了节约存储空间，尽量增加档案存储的时间长度，在考虑到精度要求许可的条件下，设计仪器时采用数字压缩的方法。即：

确定采样长度 $T = 0.2\text{sec}$；

设采样得到脉冲数 N；

令 $n = N - 256$，将 n 作为有符号 8 位数据存储在一个字节中；

即：$n = -127 \sim 127$；

实际可测频率 $f = N/T = (n + 256)/T = 654 \sim 1915\text{Hz}$

传感器的 K 值一般为 $3.00 \times 10^{-5} \sim 4.00 \times 10^{-5}$ 之间，同样，令

$$k = K \times 10^7 - 256 \tag{5-12}$$

将 k 作为无符号 8 位数据存储在一个字节之中，即 $0 \leqslant k \leqslant 255$，实际 $K = (k + 256) \times 10^{-7} = (2.56 \sim 5.11) \times 10^{-5}$。

经逐个测试，95% 的传感器的频率和 K 值可完全落在这个范围之中，故传感器在使用前需加以筛选。由于存储频率值均为整数，由此产生了在实际压力值连续的情况下，所测数值不连续的现象，两点压力之差：

$$\Delta p = p_n - p_{n+1} = K(f_0^2 - f_n^2) - K(f_0^2 - f_{n+1}^2)$$

$$= K\left[\left(\frac{n + 256 + 1}{T}\right)^2 - \left(\frac{n + 256}{T}\right)^2\right] = \frac{K}{T^2}(2n + 513) \quad (5\text{-}13)$$

一般来讲，Δp 在 0.4MPa 左右，测量误差小于 0.2MPa，实际显示三位有效数字，能够满足压力监测的精度要求。智能化乳化液泵站测试仪原理如图 5-18 所示。

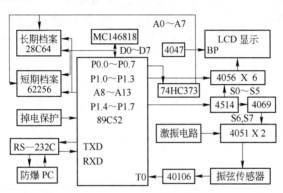

图 5-18　智能化乳化液泵站测试仪结构框图

LCD 背极 BP 由 4047 构成的振荡电路提供方波信号，3 个 4056 译码/驱动器由 4514 构成的 3-8 译码器轮流选通。89C52 的 P1.4、P1.5、P1.6 分别与 4514 的 A、B、C 相连，D 端接地，形成 3-8 译码；P1.7 与 4514 的 INHIBIT 相连，以控制有效输出。由钢弦传感器、激发振荡器、运放、施密特整形电路完成一个随压力大小变化经整形的频率值，送给 89C52 的 T0 口，利用单片机的计算功能将频率转换成相应的压力进行数值显示，在显示的同时，将数据送入 62256 RAM 存短期档案，存入短期档案的数据以一定的时间周期将数据送入 28C64 EEPROM 存长期档案。经过存储的数据可随时经 RS—232 串行通讯接口，传送给防爆便携式计算机，以便对乳化液泵站的工况进行及时诊断。

5.5.3　乳化液泵站测试仪设计计算

按排出流量为 160L/min，排出压强为 31.5MPa 的乳化液泵的故障诊断要求为例，说明乳化液泵站测试仪的设计原理。

5.5.3.1   节流孔直径计算

根据前述节流孔流量公式，若流量单位为 L/min，压强差单位为 MPa，直径单位为 mm，则节流孔直径为：

$$d = \sqrt{\frac{Q}{2.107 C_q \sqrt{\Delta p}}} \tag{5-14}$$

按目前煤矿井下实际使用的情况，乳化液泵的卸载压强一般调定在 28~30MPa 范围内。为防止节流孔流量计在测定乳化液泵流量时引起卸载阀动作卸载，故最大压差 Δp 取为 26MPa，使之具有 7%~13% 的宽裕度。

按乳化液泵容积效率指标的规定，当排出压强从 31.5MPa 降至 25MPa 时，其容积效率应从 90% 增至 93%。也就是说，额定流量为 160L/min 的乳化液泵在排出压强 25MPa 的工况下工作，应能排出 $160 \times 93/90 = 165.3$ L/min 的流量。故在计算节流孔直径时取 $Q = 170$ L/min。

由总体结构确定节流孔长径比在 2~2.5 之间，流量系数 $C_q \approx 0.8$，故节流孔直径为：

$$d = \sqrt{\frac{170}{2.107 \times 0.8 \times \sqrt{26}}} = 4.45$$

为加工制造方便，我们取 $d = 4.5$ mm。实验室实测表明，流量系数 $C_q = 0.75$。这样，当乳化液泵的流量为 160L/min 时，节流孔前压强表读数为 25MPa，完全满足实际工作要求。

5.5.3.2   节流孔前流速校核

因为额定流量为 160L/min 的乳化液泵向工作面支架供液管路为 ϕ25mm 高压软管，乳化液泵站测试仪的进出口均配以 ϕ25mm 软管快速接头座，其内部孔径由于结构上的需要，在节流块前缩小为 20mm，故在 160L/min 的流量下其流速为：

$$V = \frac{4Q}{\pi D_2} = \frac{4 \times 160/60}{3.1416 \times 0.002 \times 2 \times 1000} = 8.5\text{m/s} < 10\text{m/s}$$

可见，在节流孔前局部区域流速不超过 10m/s，基本符合要求。

5.5.3.3 仪器的实验室检验

在用仪器对乳化液泵站进行监测前，先应对仪器进行检验，根据所得到检测数据，与计算值进行比较，见图5-19。从图5-19中可以看出：两者基本一致，由此得出流量—压强关系曲线。

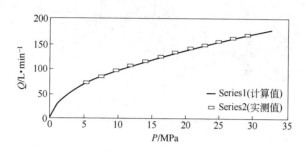

图 5-19 流量—压强曲线

5.5.4 乳化液泵站测试仪的使用

5.5.4.1 乳化液泵故障测定仪的安装连接及其附件

为160L/min乳化液泵的健康诊断而配置的乳化液泵故障测定仪的安装连接及其附件如图5-20所示。

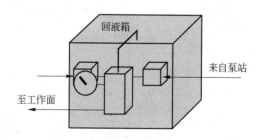

图 5-20 乳化液泵站测试仪安装简图

5.5.4.2 测定泵站流量的步骤与方法

（1）确认乳化液泵站其中一泵已经开启，并确认该泵卸载压强大于28MPa。

（2）开启测定仪支路上的球形截止阀，关闭通向去工作面供液管路上的球形截止阀。

（3）当泵排出的乳化液通过测定仪流回乳化液箱 2～3min 后，读取并记录压强表读数。

（4）开启通向工作面供液管路上的球形截止阀，关闭测定仪支路上的球形截止阀。

（5）根据压强表读数可以求出该泵流量，具体做法有两种方法可供选择：

1）按所给出的经验公式计算；

2）按流量—压强曲线查取。

5.5.4.3　乳化液泵站失效判据

根据理论推算以及现场实际工作经验，确定乳化液泵站工作状态判据如表 5-2 所示。

表 5-2　泵站失效判据

泵站状况	正　常	警　戒	故　障
乳化液泵站效率/%	大于 85	70～85	小于 70

5.5.4.4　井上使用情况

仪器在实验室检验和标定之后，再到煤矿进行测试。在没有下井测试之前，首先对井上两台返修泵，和一台新泵进行了测试，发现两台返修泵和一台新泵均未达其流量的额定值。结果如表 5-3 所示。

表 5-3　泵站效率测试结果

项　目	额定流量/L·min^{-1}	测试值	效率/%
返修泵 1	135	107	79.3
返修泵 2	135	89	65.9
新　泵	135	112	83.0

对检查结果分析，返修泵在修理上未达到要求，而新泵是由于一个阀未打开造成的。证明仪器量测是准确的。

5.5.4.5　井下乳化液泵站故障判别与诊断方法

A　井下综采面乳化液泵站的在线检测

目前我国煤矿井下综采工作面使用的乳化液泵站多为无锡、沈阳、六合等煤机厂生产的高压泵站或与之类似的泵站，工作流量最常用的为 125 ~ 200L/min，其中 125L/min 占井下泵站的 60% 以上。对于在井下长期工作的乳化液泵站，从新泵下井到发生故障，一般有一个发展渐进过程（有些新泵未下井就存在故障者除外），有了 BGC 型乳化液泵故障测定仪，便可对泵站的故障类型、发展状况和严重程度了如指掌。对井下综采面乳化液泵站进行在线检测的安装方法如下：

将乳化液出液口的高压胶管的一头接在乳化液泵站测试仪的进液口上，再将乳化液泵站测试仪的出液口接在通往工作面的胶管上。用另一根胶管将一端接入乳化液泵站测试仪的回液口，另一端插入液箱，见图 5-21。

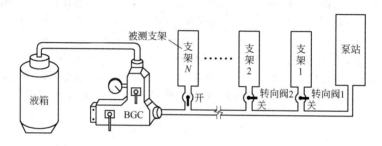

图 5-21　乳化液泵站测试示意图

当综采面正常工作时，将转向阀 1 和转向阀 2 的手柄扳向水平位置，这时开通了泵站通向工作面的流道，切断了通向测试部分的流道。乳化液泵向工作面正常供液。当需要对乳化液泵进行检测时，只要将乳化液泵站测试仪的转向阀 1 和转向阀 2 扳向垂直位置，便可对乳化液泵站进行监测。故障原因可参照表 5-4 进行查找和排除。

表 5-4　故障原因判别表

序 号	故障名称	产生原因	排除方法
1	无流量或流量小 流量脉动 流量不稳定	(1)吸、排液阀有故障 (2)泵中有空气 (3)进液管道堵塞太大	(1)检查吸、排液阀 (2)排除泵内空气 (3)检查进液管道
2	流量偏小 柱塞密封处漏液 泄漏严重	(1)柱塞端螺堵没压紧 (2)密封圈磨损严重 (3)柱塞严重划伤	(1)慢慢调整压紧力 (2)更换密封圈 (3)更换或修磨柱塞

序 号	故障名称	产生原因	排除方法
3	流量偏小 泵的润滑油漏损	(1)加油过多 (2)箱体或其他处漏油	(1)处理漏油处 (2)放油至合适位置
4	流量偏小 泵的运转声音不正常 运动机构有撞击声	(1)滑块压紧螺母松动 (2)运动机械松动 (3)瓦及球座磨损严重	(1)拧紧滑块背紧螺母 (2)刮瓦,磨球 (3)调整松动零件
5	流量偏小 泵箱体温升过快或 温度过高转速下降	(1)缺油引起连杆、轴瓦损坏 (2)润滑油不足或太脏 (3)曲轴偏向一侧	(1)更换新瓦或刮瓦 (2)磨曲颈,调整曲颈隙 (3)清洗油箱,新换油
6	流量忽大忽小 泵压力突然升高 (超压)或降低	(1)自动卸载阀失灵 (2)安全阀失灵 (3)泵及系统有其他故障	(1)修理自动卸载阀 (2)检查和调整安全阀 (3)处理泵及系统故障
7	流量正常 自动卸载阀不卸载	(1)自动卸载阀密封圈损坏 或其他故障 (2)单向阀或卸载阀关不严 (3)系统泄漏严重,泵无问题	

B 综采面液压支架系统内泄漏区域故障点的判定

目前井下采煤工作面的支架系统多采用80~120架支架。由于制造使用和维修中的各种原因,支架在使用一段时间后,其中一些支架就会发生阀组或液压器件的内泄漏,这种泄漏看不见,摸不着,判断起来十分困难,泄漏严重时,会导致减产甚至停产。遇到这类故障时,首先按经验公式计算,测定一下泵站的流量,并作记录,如果泵站的输出流量在正常输出的流量范围,则说明泄漏点在支架区域,这时一般可应用下面的方法进行故障点的判定。

首先根据在操纵支架时感觉到的某架或某几架支架的异常情况进行定点测定。当定点测定某架支架时,应将这架支架前的所有支架的进液阀关闭,只打开这架"可能有故障"支架的进液阀,在支架没有运动动作时,观察乳化液泵测试仪的流量显示,如果显示的流量与泵站输出流量接近，说明支架无泄漏故障，如果显示的流量与泵站输出流量相差很大，则差值就是支架内泄漏量。按照这种方法，可对故障怀疑点，逐个进行检测。

当遇到凭工作经验无法确定的故障时，可按优选法的方式布点测定。

例如：工作面有 100 架支架，第一测点选在 62 号支架上，若测得流量明显小于泵站输出流量，则故障在 62 号支架以内，则第二测点选在 38 号（$0.618 \times 62 \approx$）支架上，若测得流量与泵站输出流量接近，则故障点应在 38 号~68 号支架之间，第三测点选在 57 号（$38 + 38 \times 0.618 \approx$）上，若测得流量明显小于泵站流量，则故障点在 38 号~57 号支架之间，第四测点选在 50 号（$38 + 19 \times 0.618 \approx$）上，以此类推。第五测点为 45 号支架上，第六测点为 49 号支架上，最后找出故障点在第 49 号支架上，这样就可以对支架进行针对性维修了。

对上井的有故障泵站和维修后的泵站的性能检测在我国矿山中现在使用的各种乳化液泵站，包括国外生产的各种泵站，一旦出现故障其常规性维修和大修一般都是由所属的机电部门的综采车间负责。在泵站的维修过程中，由于国内多年来没有一套适合现场使用的乳化液泵站性能测量仪器，现场维修人员一直凭经验和感觉判定故障泵站上井后其故障的严重程度。而对维修后的泵站，如何判定其修复程度更没有统一的标准，以致造成许多不该发生的事故。

在煤矿综采车间，一般应装备 3 台适合各种流量的乳化液泵故障测定仪，以适应各种流量的乳化液泵的检定。在故障泵站上井后，应首先对其故障严重程度进行检测，在修复后对其再进行一次性能检测，检查维修后的修复质量，看其是否达到了下井要求。

上井的故障泵站和维修后的泵站的性能测定，安装测试见图 5-22。

对刚上井的故障泵站的检测应注意首先试车，看乳化液泵是否能正常转动，检查各部件有无破坏性损伤，再接入乳化液泵站测试仪，进行泵输出流量和故障严重程度的检查。检查时将乳化液泵站测试仪的转向阀扳向垂直位置。开泵后排空泵内空气，启动 3min 后，当流

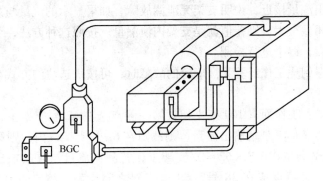

图 5-22 井上泵站测试示意图

量稳定时，记录故障泵站的流量和故障严重程度。

对修复后的乳化液泵应进行比较严格的检查，其实测排量应能达到泵站标称排量的 90% 以上，方可下井；低于 90% 应返工。

测试中应注意下面几点：

（1）修复后的泵一定要排净空气，否则会影响泵的输出流量；

（2）泵站的自动卸载的调定压力不得低于 27.44MPa（280kgf/cm²），否则无法检测；

（3）如果检测时流量很不稳定，表针抖动十分严重，说明乳化液的 3 个柱塞排量不均匀，其原因可能是某个进液阀或排液阀卡死或泵内空气未排干净，这时应停机检查，修复再测。

当通过乳化液泵站测试仪检测后，发现乳化液的流量为零或低于标称流量的 80%，可参考表 5-4 进行维修检查。

5.6 液压系统泄漏故障的监测与识别

由于液压系统设备本身庞大，所连接涉及设备、元件较多，当出现泄漏故障影响综采面开机率时，往往一时找不到事故的部位和原因，只有通过分别使用不同类型的、提取不同物理特征参量的仪器，对有可能产生泄漏故障问题的液压系统各关键部位进行健康状态的综合诊断，才能使各种类型的泄漏故障得以及时确诊。

液压系统的故障形式千差万别，影响因素也较多，但最终表现为执行机构不能正常工作。一般故障可以根据压力、泄漏噪声和流量 3

个参数进行查找和判别，并采取相应措施予以排除。

液压支架压力、泄漏噪声及乳化液泵站工作不正常的原因诊断方法见框图 5-23 ~ 图 5-25。

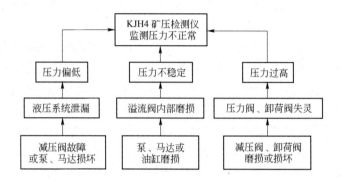

图 5-23 液压系统压力不正常原因诊断框图

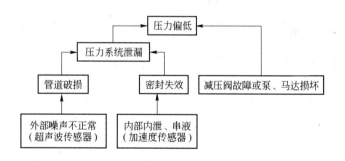

图 5-24 液压系统泄漏诊断框图

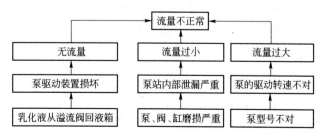

图 5-25 乳化液泵站工作不正常的原因诊断框图

在液压泄漏检测仪、矿压监测装置、乳化液泵故障测定仪监测压力、噪声与流量参数的基础上，要能准确地诊断故障，还必须熟悉液压系统的工作原理，液压元件的结构与性能，以及常见故障的征兆、特征等知识，把测量获取的信息通过人或计算机系统进行故障识别，这样才能达到准确监测并预防突发事故的目的。

液压支架的故障形式千差万别，影响因素也较多，但最终表现为液压支架不能正常工作。众所周知，液压支架突出的缺点就是出现故障时不易快速查找原因，故障的某些征兆有相当的复杂性和隐蔽性，故障与征兆之间的关系往往是模糊的，往往难以依靠传统的感官和经验进行诊断。这种模糊性一方面来自故障与征兆之间关系的不确定性；另一方面又来自故障与征兆在概念描述上的不精确性，故障的存在与否往往没有明确的界限，而是服从某种隶属函数分布。为了准确判断故障原因，有必要对获得的故障征兆信息进行综合评价，应用模糊集合的分析方法对液压支架故障进行诊断。

5.6.1　液压支架模糊评判矩阵的确定

液压支架通常由乳化液泵、管路、液压阀、立柱等组成。根据压力、流量、噪声与液压系统状态相关性强，对异常反应灵敏，而且能采用不同的仪器定量分析和判断的特点，将它们作为诊断的特征参数，由此可以组成因素集 U。由于 U 中的各因素重要程度不同，需要赋予不同的权重系数。

对于评判集，其着眼点在于快速确定故障的原因和故障的部位，这样就可把组成系统的各个元件作为评判集 V，根据各因素间的关系，可对其构造、划分因素关系树，根据故障因素树，首先对 u_i 中的单一子因素 u_{ij} 作单因素评判，由各评判因素产生故障可能性的大小，得出评判矩阵 $R_i^{(1)}$。

对 u_1 有　　　　　　　　$R_i^{(1)} = \left[r_{1g}^{(1)} \right]_{kxn}$

对 u_2 有　　　　　　　　$R_i^{(1)} = \left[r_{2g}^{(1)} \right]_{kxn}$

$$\vdots$$

对 u_m 有 $\qquad\qquad R_i^{(1)} = \left[r_{mg}^{(1)} \right]_{kxn}$

这样，根据合成运算公式，得出：

$$B_1^{(1)} = A_1^{(1)} \cdot R_1^{(1)} = (b_{11}^{(1)}, b_{12}^{(1)}, \cdots, b_{1n}^{(1)})$$

$$B_2^{(1)} = A_2^{(1)} \cdot R_2^{(1)} = (b_{21}^{(1)}, b_{22}^{(1)}, \cdots, b_{2n}^{(1)})$$

$$\vdots$$

$$B_m^{(1)} = A_m^{(1)} \cdot R_m^{(1)} = (b_{m1}^{(1)}, b_{m2}^{(1)}, \cdots, b_{mn}^{(1)}) \qquad (5\text{-}15)$$

即为第一级模糊评判的结果，然后将 $R_i^{(1)}$ 作为 u_i 单向评判向量，即可得出关于 U 的全部因素评判矩阵：

$$R^{(2)} = \begin{bmatrix} B_1^{(1)} \\ B_2^{(1)} \\ \vdots \\ B_m^{(1)} \end{bmatrix} = \begin{bmatrix} b_{11}^{(1)} & b_{12}^{(1)} & \cdots & b_{1n}^{(1)} \\ b_{21}^{(1)} & b_{22}^{(1)} & \cdots & b_{2n}^{(1)} \\ \vdots & \vdots & \ddots & \vdots \\ b_{m1}^{(1)} & b_{m2}^{(1)} & \cdots & b_{mn}^{(1)} \end{bmatrix} \qquad (5\text{-}16)$$

最后可得故障集 U 的综合评判向量：

$$B^{(2)} = A^{(2)} \cdot R^{(2)} = (a_1, a_2, \cdots, a_m) \cdot R^{(2)} = (b_1, b_2, \cdots, b_m) \quad (5\text{-}17)$$

根据评判结果 b_i $(i = 1, 2, \cdots, n)$ 中，数值较大所对应的 v_i，即可能为故障点发生位置，然后按次序进行分析排除，故障就可以得到及时诊断处理。

5.6.2 评判矩阵中评价系数的确定

对液压支架故障评判矩阵中评价系数的确定，首先应根据其工作原理，在深入分析系统结构组成和各元件的作用后，结合现场的实际情况加以确定。根据邢台矿务局东庞矿对 BY320-23/45、BY360-25/50 现场实际应用统计表明，在液压支架所有故障的可能原因中，少部分是支柱、千斤顶的机械故障，绝大部分是管路、支柱活塞、液压阀的液压故障。而液压阀的故障 90% 以上是泄漏故障，所以泄漏故障在液压支架常见故障中比较突出，必将占据评判集权重的很大部分。

5.6.2.1　因素集 U，评判集 V 及权向量 $A_j^{(i)}$ 的确定

A　因素集 U 的确定

对于液压支架而言，存在故障主要表现为支架支撑力不足，影响支撑力的主要因素包括：压力偏低 u_1，流量不足 u_2，设备质量稳定性 u_3，设备役龄 u_4。

影响压力不足 u_1 的子因素包括：阀体缺陷 u_{11}，由于阀体的缺陷，将造成液压阀因关闭不严而漏液；阀座磨损 u_{12}，由于它经常受到阀体的锤击和液体的冲刷，很容易损坏而造成阀窜液；机械故障 u_{13}；密封失效 u_{14}。

影响流量不足 u_2 的子因素包括：泵站输出不足 u_{21}，管路泄漏 u_{22}。

对于设备质量稳定性 u_3 和设备役龄 u_4，不设子因素。很显然，该系统为二级模糊评判模型。

B　评判集 V 的确定

将有可能产生故障的各液压件作为评判因素，这些因素为管路、安全阀、操作阀、单向阀、柱体、千斤顶等6种，分别表示评判集中的 v_i。

C　权向量 $A_j^{(i)}$ 的确定

根据各相关因素间的关系及其对故障主因素的影响，建立各自的权向量

$$A_1^{(1)} = (0.2, 0.3, 0.1, 0.4)$$

$$A_2^{(1)} = (0.4, 0.6)$$

$$A^{(2)} = (0.4, 0.3, 0.2, 0.1)$$

5.6.2.2　评判分析

根据各故障因素，构造出因素关系树，这里选用加权平均模型，即

$$b_i = \sum_{j=1}^{m_i} a_{ij} r_{ij} \tag{5-18}$$

根据各个元件及管路对各因素的影响，第一级评判的两评判矩阵 $R_1^{(1)}$ 和 $R_4^{(1)}$ 分别为表 5-5 和表 5-6。这样，压力不足的综合评判为：

$$B_1^{(1)} = A_2^{(1)} \cdot R_1^{(1)} = (0.2,0.3,0.1,0.4) \cdot R_1^{(1)}$$
$$= (0.05,0.27,0.38,0.13,0.1,0.01)$$

流量不足的综合评判为：

$$B_1^{(1)} = A_2^{(1)} \cdot R_2^{(1)} = (0.4,0.6) \cdot R_2^{(1)}$$
$$= (0.4,0.22,0.22,0.1,0.06,0)$$

表 5-5 压力不足评判矩阵表

u_{1j}	v_1	v_2	v_3	v_4	v_5	v_6
u_{11}	0	0.4	0.4	0.2	0	0
u_{12}	0	0.3	0.5	0.2	0	0
u_{13}	0.1	0.2	0.3	0.1	0.2	0.1
u_{14}	0.1	0.2	0.3	0.2	0.2	0

表 5-6 流量不足评判矩阵表

u_{2j}	v_1	v_2	v_3	v_4	v_5	v_6
u_{21}	0.7	0.1	0.1	0.1	0	0
u_{22}	0.2	0.3	0.3	0.1	0.1	0

在第二级综合评判中，评判矩阵 $R^{(2)}$ 的第一行和第二行分别由 $B_1^{(1)}$ 和 $B_2^{(1)}$ 确定，其余仍由各元件及管路对各因素的影响来确定，第二级综合评判矩阵 $R^{(2)}$ 见表 5-7。

表 5-7 支撑力不足评判矩阵表

u_i	v_1	v_2	v_3	v_4	v_5	v_6
u_1	0.05	0.27	0.38	0.13	0.1	0.01
u_2	0.4	0.22	0.22	0.1	0.06	0
u_3	0.1	0.2	0.2	0.2	0.2	0.1
u_4	0.1	0.25	0.25	0.1	0.2	0.1

这样，支撑力不足的综合评判为：

$$B^{(2)} = A^{(2)} \cdot R^{(2)} = (0.4, 0.3, 0.2, 0.1) \cdot R^{(2)}$$
$$= (0.17, 0.239, 0.283, 0.132, 0.118, 0.034)$$

根据综合评判结果的大小进行排列，依次判别其可能出现的故障点，可对支架支撑力不足的原因进行顺序查找和诊断。通过运用模糊综合诊断方法，配合井下矿压实时监测系统及其他检测手段，缩短了从井下现场发现问题到马上予以解决的时间周期，大大提高了针对液压系统故障的快速反应和解决能力。

5.7 支架—围岩系统监测实践

拥有多种支架—围岩监测方法和仪器，可以从不同方面和角度对支架—围岩系统工作中出现的各种问题进行快速诊断，根据故障前兆表现出来的一些典型特征，通过不同的仪器加以确诊。

首先支架—围岩系统监测是以矿压在线监测为基础的，辅助支架顶梁倾斜角监测，液压系统泄漏检测，乳化液泵站监测等监测手段，通过综合诊断的方法，实现支架—围岩系统的监控。综采面支架—围岩系统监测信息主要有以下几方面：

（1）压力量。通过压力表、圆图压力记录仪、智能矿压监测仪、矿压计算机监测系统等仪器测定。

（2）角度量。支架几何位态（立柱倾向角、顶梁俯仰角等）信息可采用坡度规、罗盘、倾斜状态监测仪测定。

（3）长度量。顶板动态和煤体片帮（冒高、端面距、片帮深度及其范围、冒顶范围、冒落岩块块度）、工作面推进情况用测杆、直尺和卷尺测量。

（4）液压系统泄漏情况。用液压泄漏检测仪、乳化液泵站测试仪检测。

通过所测不同信息，来监控支架—围岩工作状态。支架各路压力值应与相应的载荷对应起来，否则为异常值。压力的异常表现为：初撑力调不上去、工作阻力下降、压力振摆大等。当出现此类情况时，对初撑力调不上去的测点进行压力—时间变化趋势的图形分析，用液压泄漏检测仪对液压管路、支架操作阀进行检测，泄漏故障诊断的原则为：有泄漏故障，则有高频噪声或振动信号产生；无泄漏故障，则无高频噪声或振动信号产生。经实验室测试和现场实际检测验证，液压泄漏故障诊断判据可用表5-8表示。在检测无泄漏后，对乳化液泵站进行测试，通过"排除法"，准确判断故障部位和原因。

表5-8 液压泄漏故障诊断判据表

故障类别	高频噪声或产生振动信号当量强度值（Z）	故障类别	高频噪声或产生振动信号当量强度值（Z）
无泄漏故障	$Z \leqslant 5$	严重泄漏故障	$150 < Z \leqslant 250$
轻微泄漏故障	$5 < Z \leqslant 50$	极严重泄漏故障	$Z \geqslant 250$
明显泄漏故障	$50 < Z \leqslant 150$		

注：Z = 有泄漏故障时高频噪声或产生振动信号测试值 – 无泄漏故障仪器初始值。

下面介绍几个成功监测实例。

实例1：图5-26为8月3日50号架液压—时间图，全工作面支架上柱液压直方图如图5-27所示。

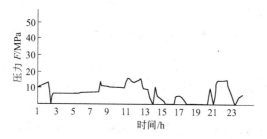

图 5-26 8 月 3 日 50 号架液压—时间图

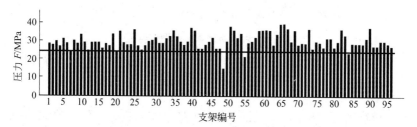

图 5-27 8 月 3 日全工作面支架上柱液压直方图

从图 5-27 看出：上柱初撑力较低，经用液压泄漏检测仪检测，发现上柱因柱体及单向阀—安全阀严重串液而失效。

实例 2：8 月 5 日 25 号架液压—时间图，全工作面支架上柱液压直方图分别如图 5-28、图 5-29 所示。

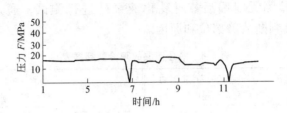

图 5-28   8 月 5 日 25 号架液压—时间图

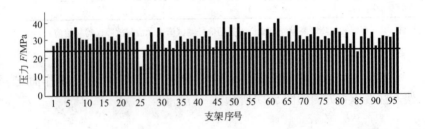

图 5-29   8 月 5 日全工作面支架上柱液压直方图

从图 5-29 看出：下柱初撑力较低，经用液压泄漏检测仪检测，发现下柱因单向阀-安全阀严重串液而失效，由支架检修工当场更换。

实例 3：在没有安装矿压监测装置的 2507 工作面，单独用液压泄漏检测仪在井下巡查。当走到 48 号架附近时，液压泄漏检测仪超声波传感器检测发现有泄漏的信号，经来回盘查，发现信号来自片阀附近，换上加速度传感器，测出每一片阀的泄漏当量强度值读数见表 5-9。

表 5-9   片阀有泄漏时测取读数值

第一片	第二片	第三片	第四片	第五片	第六片
309	312	313	314	312	311

初步断定：第四片阀发生内泄，要求予以更换。经检修班更换后，再次检查时仪器指示正常。

经过长期的摸索和现场实践，在使用不同监测方法和手段的基础上，完善了支架—围岩监控系统，实现支架液压信息的现场动态管理和支架工况的及时整改。这对于综采面改善支架工况、缩短查找故障的时间周期、提高支架操作管理水平和准确检测支架实际质量皆发挥了重要作用。

6 高产高效综采面支架—围岩系统监控软件

综采工作面生产过程中的矿山压力问题是一个多质多变量的研究课题。综采面支架—围岩系统监测信息按量纲不同可分为四类，如图6-1所示。

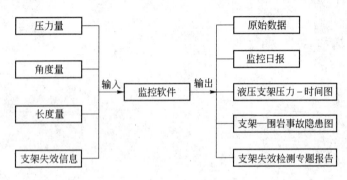

图 6-1　监控软件处理流程

（1）压力量。支架液压信息，常规观测手段是耐震压力表、圆图压力记录仪，先进观测手段是支架液压信息新型自动采集系统。

（2）角度量。包括围岩赋存条件（底板走向、倾向角），支架几何位态（立柱倾向及走向角、顶梁俯仰角、推运夹角）信息，可采用坡度规和罗盘或自动观测仪器进行测定。

（3）长度量。顶板动态和煤体片帮（冒高、端面距、片深及其范围、冒顶范围、冒落岩块块度）、支架几何位态（顶梁台阶、采高）、工作面推进情况（工作面上、下端头煤壁至顺槽内基点距离）信息，可采用测杆、直尺和皮卷尺观测。

（4）支架失效信息。可进行现场调查和使用辅助仪器进行检测。

现有的监控软件一般是采用传统的程序设计方法进行开发的，存在可靠性、可修改性、可理解性和开发率等方面的问题，主要原因：

一是由于问题的复杂度的增加导致了解决问题代码的增加；二是软件所处理的是多质多变量的大样本集合；三是采用功能分解的方法，对这些信息进行统一管理、分析、处理，这就忽视了信息各自存在的自然性，增加了处理的困难。

6.1 面向对象软件设计与传统设计方法区别

面向对象技术是现代重要软件技术之一，它已经渗透到程序设计、数据库技术、人工智能、应用系统的分析和设计、操作系统、计算机网络、CAD/CAM 等几乎所有的软件领域，并取得了许多重要成果。

面向对象方法学的基本原理就是对问题领域实行自然分割，按人们通常的思维方式建立问题领域的模型，设计尽可能直接表现问题求解的软件。面向对象的基本概念有对象、类、消息、方法、封装等。利用面向对象技术进行系统开发有别于传统方法，主要的不同之处在于下述几方面。

（1）数据与过程方面。传统程序设计代码是在被动的数据结构上进行操作的，而面向对象的程序设计代码是在对类上进行操作的。其次，在传统程序设计中，数据与过程是分离的两个实体，程序负责把主动的过程施于被动的数据结构上，不断地检查以保证过程正确地作用在相应的数据类上；面向对象程序设计把对象看成是被动的数据，把它看成私有状态以对其进行操作的方法的结合体。

（2）功能的调用方面。传统程序设计通过功能调用来激发一个功能，从而达到对某数据进行操作，而面向对象方法是通过发送消息来达到这一目的。消息是被用来激发属于部分数据的方法，一个消息可以激发依赖于一个对象功能中的一种。只有一个对象的方法才能对其内部状态进行操作，而一个方法也只能通过对象发一个消息才可被激发。

（3）软件开发的风范。面向对象软件的开发把程序看作一组相互作用的对象集合，程序设计就是定义对象，建立对象间的通讯关系，这种方法基本是一种由底向上的风范，它不同于传统的，自顶向下的，功能分解软件开发的风范。

6.2 监控软件的开发

本监控软件采用面向对象方法设计的 Delphi 编程语言在 Windows 中文环境下开发，它具有开发周期短、执行速度快、数据处理方便等优点。

软件共有九大模块，其主窗口如图 6-2 所示，包括设计数据库结构、数据编辑、支架液压信息、输出原始数据、统计与分析、输出工作面压力图、图形方式处理数据、测站处理、关于信息。

图 6-2　软件主窗口界面

6.2.1 设计数据库结构

为了软件的推广应用，在工作面布置测站进行监控时，各工作面液压支架型号（立柱数目）、布置的测站数目、观测线（即支架标号）是不同的，所以除了初撑力数据库应该修改库结构外，其他数据库本身具有通用性，故不必修改库结构。界面如图 6-3 所示。

6.2.2 数据编辑

该模块可方便地实现数据库的数据输入、修改、删除等功能。

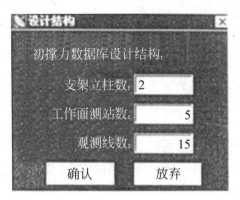

图 6-3 修改数据库结构界面

6.2.3 支架液压信息

该模块用于处理文本信息，相当于一个写字板程序，可将常规仪器所测得的支架压力值、支架泄漏故障信息等数据输入并可存储、粘贴、复制、删除、打印，便于发布支架故障检测专题报告。

6.2.4 统计与分析

该功能是软件开发的重要部分之一，如图 6-4 所示，容纳了一元

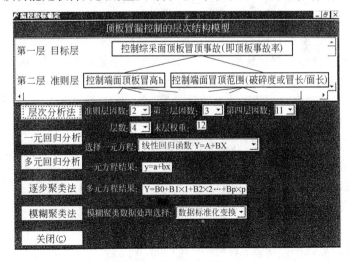

图 6-4 统计与分析界面

回归分析、逐步多元回归分析、层次分析法、逐步聚类方法、模糊聚类方法等数学方法。

6.2.4.1 层次分析法

层次分析法把复杂的支架—围岩系统控制问题分解为各个组成因素，将这些因素按支配关系表示为有序的递阶层次结构，通过两两比较方式确定层次中诸因素的相对重要性和构造判断矩阵，然后计算分析各个组成因素的权重并确定诸因素重要性的总顺序。层次分析法大体分为五个步骤，即1）建立层次结构模型；2）构造判断矩阵；3）层次单排序及其一致性检验；4）层次总排序；5）层次总排序的一致性检验。

软件中层次分析法以对话框和编辑框的形式跟用户进行交互式对话。用户只需根据提示输入相应的层数和相关因数及判断矩阵，即可求出最后指标层各因素的权重。整个过程操作简单、提示清楚，只要输入参数正确，很快就能得出所需结果。

随着采煤机械化程度的提高，对工作面的控制要求也有所侧重，如单体支柱工作面以安全生产为重点防范对象，综采工作面以提高产量为根本，综放工作面以提高顶煤回收率为目标。要提高综采工作面的产量，必须减少各种事故，包括各种机械设备事故和支架—围岩系统事故。综采面支架—围岩系统事故主要是端面顶板冒漏事故。因此，综采面支架—围岩系统的递阶层次结构必须以端面顶板冒漏控制的要求为目标，综合现场实测结果和人们的判断来选择相关因素，形成自上而下的逐层支配关系或是包含关系。

6.2.4.2 回归分析方法

（1）一元回归分析。一元回归分析包括一元线性回归和一元非线性回归。非线性回归包括6种函数：

1）双曲回归函数：$1/Y = A + BX$

2）幂回归函数：$Y = AX^2$

3）指数回归函数：$Y = A * \exp(BX)$

4）负指数回归函数：$Y = A * \exp(B/X)$

5）对数回归函数：$Y = A + B * \log(X)$

6）S型曲线回归函数：$Y = 1/(A + B * \exp(-X))$

非线性回归模型可以转化成线性方程进行回归分析，一元回归方程的显著性检验可采用 F 检验，亦可用相关系数 r_0。对于给定的显著性水平 α 及一元线性回归方程 $\hat{y}=a+bx$，若

$$|F|>F_\alpha(1,N-2)$$

或 $$|r|\geqslant r_\alpha(N-2)\qquad(6\text{-}1)$$

则 y 与 x 之间存在线性关系，求得的回归方程是显著和有意义的。为了得到"最优"的回归结果，可对矿压观测数据进行上述 7 种回归分析，并对回归结果进行显著性检验，最后选择检验值最大、剩余标准差最小的回归结果作为"最优"的一元回归方程。

本软件已对一元回归分析作了处理，力求使用户使用方便。用户只需选择要回归的一种回归函数后，依据对话框提示输入原始数据及检验标准 α、F 分布临界值或相关系数临界值后，即可判明是否存在线性相关。一旦存在相关，则给出回归方程，并开始进行预测和控制。只要给定置信度和相应原始数据，并输入 t 分布临界值或标准正态分布双侧分位点，即可得出相应置信度的预测或控制区间。预测和控制至少可以执行一次。

（2）多元线性逐步回归分析。多元线性逐步回归是在多元线性回归基础上派生出来的一种算法技巧。多元回归方程显示于图 6-4。软件中采用文件格式输入数据并进行多元回归分析，文件格式如下所示，最后所求结果也放入文件末尾，如残差平方和 q，剩余标准差 s，复相关系数 rr，自变量偏相关系数 r_i 及预报值等。

18　4　3　2.5　2.5//样本数 n，变量数 p，预测样本数，
　　　　　　　　　//临界检验值 $F_{\alpha1}$、$F_{\alpha2}$

137.0　4.0　15.0　27.0　309.0
148.0　6.0　26.0　38.0　400.0
154.0　10.0　33.0　20.0　454.0
157.0　18.0　38.0　99.0　520.0
153.0　13.0　41.0　43.0　516.0
151.0　10.0　39.0　33.0　459.0
151.0　15.0　37.0　46.0　531.0

154.0　16.0　38.0　78.0　558.0
155.0　27.0　44.0　52.0　607.0
155.0　36.0　51.0　22.0　541.0
156.0　46.0　53.0　39.0　597.0
155.0　47.0　51.0　28.0　558.0
157.0　48.0　51.0　46.0　619.0
156.0　60.0　52.0　59.0　618.0
159.0　96.0　52.0　70.0　742.0
164.0　191.0　57.0　52.0　805.0
164.0　186.0　68.0　38.0　859.0
156.0　195.0　74.0　32.0　855.0　//原始样本
137.0　4.0　15.0　27.0
148.0　6.0　26.0　38.0
154.0　10.0　33.0　20.0　//待预报样本

结果：

残差平方和 $q = 13803.157$，剩余标准差 $s = 31.400$，复相关系数 $rr = 0.9818$

自变量偏相关系数：

$r[1] = 0.00$　$r[2] = 0.82$　$r[3] = 0.84$　$r[4] = 0.70$

对应预报值：

330.55

409.59

428.90

6.2.4.3　聚类分析

（1）逐步聚类法。程序数据输入采用文件格式形式，文件头为样本数和变量数及预分类数，下面为样本。聚类结果放入文件末尾，包括分类结果、聚类中心值等。

（2）模糊聚类分析。原始数据输入采用文件格式，文件头为样本数和变量数。原始数据处理有四种变换方法，包括数据标准化变换、极差规格化变换、极差标准化变换、对数变换，可任选一种。聚类分析结果包括模糊分类关系矩阵，λ 值及普通分类关系矩阵，均已放入文件末尾。

6.2.5 输出工作面压力图

常规仪器如圆图压力记录仪、耐震压力表测得的同一时刻工作面支架上柱、下柱压力数据可采用直方图或曲线图的方式显现出来，这样便于分析支架受力状况，及时发现问题。数据以文件格式保存，文件内容包括压力记录时间（月、日、时）和支架序号，以及上柱压力值和下柱压力值。为方便软件推广，文件格式以二柱支架为基准，所以一个文件只包含一个上柱和一个下柱压力值。若支架为四柱式，则可以以两个文件分别存放前柱和后柱压力值。该模块如图 6-5 所示，图形可实现打印、预览、放大、缩小，并有压力统计信息。

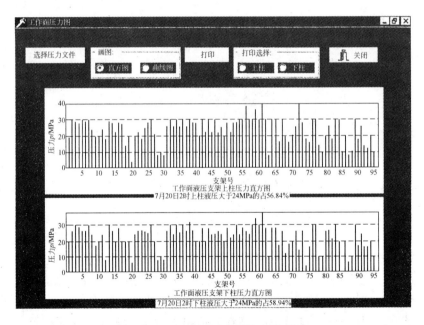

图 6-5 工作面压力图输出界面

6.2.6 图形方式处理数据

如图 6-6 所示，该模块包括监控日报表和支架—围岩信息图的输出，参数设置包括工作面支架数、年度、矿名等及监控指标控制合理范围。监控指标控制合理范围是在前面统计与分析功能模块内运用数学方法得出合理范围的基础上，结合采煤工作面工程质量标准确定的。

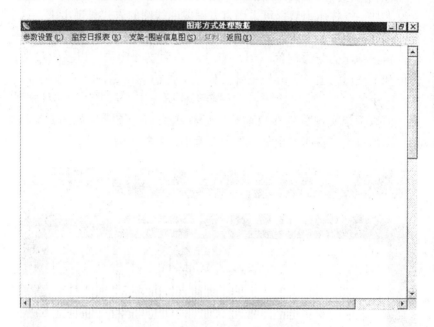

图 6-6　图形方式处理数据界面

监控日报表和支架—围岩信息图菜单项均包含日期选择、绘制图表、打印三项子菜单。只要日期选择正确、数据齐全、参数正确，监控日报表和支架—围岩信息图均可自动地绘制出来。监控日报表分三部分，包括采面顶板状态与支架工况、评价与措施、备注。采面顶板状态与支架工况是将观测线监控指标的观测值经过处理后显示出来，若其值超过合理控制范围，则在其值前以"＊"表示，说明应该诊治。评价与措施则是运用专家系统，根据观测值与合理值的比较结果，给出治理措施。能够自动给出措施，这是本软件的一大特色。支架—围岩信息图以形象生动的图面显示观测线支架附近存在的事故隐患，以便及时处理。支架—围岩信息图如图6-7所示。

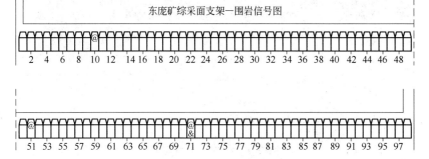

图 6-7 支架—围岩信息图

符号含义说明：#—冒顶超限；&—片帮超限；@—端面距超限；

+—顶梁走向角超限；*—顶梁台阶超限；!—运输机走向角超限

6.2.7 测站处理

支架液压信息新型自动采集系统——KJH_4 矿压监测装置及其配套系统以微处理器为中心并与笔记本式计算机相匹配，在井下综采面自动测定、记录、显示、存储和读出支架液压信息变化全过程。实现支架液压信息的现场动态管理、支架工况现场整改和支架液压信息后继深入研究分析。该系统由 KJH_4 矿压监测装置、SNG121-127D 型隔爆兼本安电源、KS-3 型液压传感器及隔爆便携微机共同组成。其设计目标在于实时监测液压支架压力变化，出现异常工况时及时、准确、快速地找出异常原因。针对目前矿压监测系统采取井下监测然后再通过人或线路传送到井上进行图形显示的实际情况和缺点（其时间周期长，发现问题并进行处理时，井下液压支架早已不正常工作多时），提出了解决这些问题的方法：矿压监测和整改处理应同时在井下进行，这对缩短发现问题到解决问题的时间周期，提高对支架液压异常工况的快速反应和解决能力是非常必要的。

隔爆便携微机中装有监控软件，利用测站处理这一模块即可进行液压信息处理。如图 6-8 所示，操作步骤为：

（1）频率文件装载：此按钮将要处理的 16 进制支架液压信息文件读进，并在频率文件编辑框中反映出来。装载完毕后，选择测站和

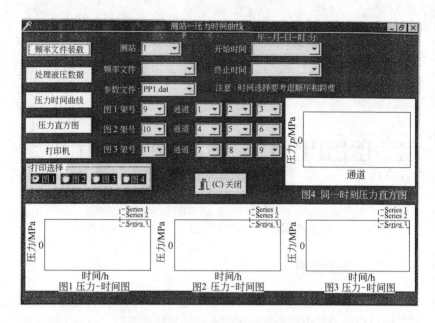

图 6-8　测站液压信息处理界面

参数文件以备处理数据。

（2）处理液压数据：选定频率文件和参数文件之后，就可处理数据了。每条液压信息格式如图 6-9 所示。一般说来，第 16 个传感器用作零位补偿，故 KJH_4 矿压监测装置可显示 15 路压力值。对二柱式液压支架，一个装置可测 5 架支架（每架 2 根立柱和 1 个前梁千斤

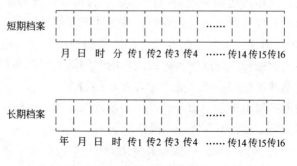

图 6-9　液压信息格式

顶），四柱式则可测 3 架支架。

（3）绘制压力—时间曲线：选定开始时间与终止时间，选定架号和通道号（即传感器号），可作出相应的压力—时间曲线图，如图 6-8 中图 1、图 2、图 3。模块主要针对二柱式支架设计，为方便四柱式支架应用，可把图 6-8 中图 1 和图 2 都选为同一支架，取前 5 个通道即可。打印图形如图 6-10 所示。

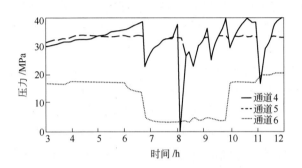

图 6-10 压力—时间曲线图
（测站 2 支架 10 8 月 12 日 3：00-12 日 12：00）

（4）绘制压力直方图：以开始时间为基准时间，将该时刻的所有通道压力以直方图形式显示出来。如图 6-11 所示。

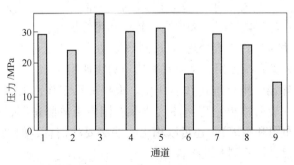

图 6-11 同一时刻压力直方图
（测站 2 支架 9，10，11 8 月 12 日 3：00）

（5）打印：选中一个图，即可实现打印预览、图形放大、缩小、打印等功能。

（6）退出：点击关闭按钮即可。

6.2.8　关于信息

此功能可显示版权信息。

6.3　监控软件的特点

（1）实现了从监控指标值确定、原始数据输入处理到最后采用专家系统自动输出报表与图形的一系列完整体系，使软件水平上了一个新台阶。

（2）软件采用 Windows 流行界面，汉字显示，均采用窗口、菜单、对话框的形式与用户对话，易学易用易掌握，操作者只需用鼠标进行操作。由于加了热键处理，即使没有鼠标也可用键盘完成相同任务。

（3）软件具有良好的可扩充性，便于程序的增量型设计。当综采面支架—围岩出现新的情况时，可以对软件进行扩充而不影响软件的整体性能。

（4）具有较强的可维护性。面向对象技术实现了封装，一个对象是数据和功能的独立单元，用户只能看到对象的外部特性，系统通过窗口、菜单、对话框和用户进行交互，至于对象是如何实现其功能的则隐藏在对象内部。这有一个好处，就是如果想进一步完善对象的功能或者修改实现的细节，都局限在对象的内部，不会向外传播，便于错误的定位，这样就大大提高了软件的可维护性。

（5）由于软件具有处理 16 进制数据功能，故既可配合支架液压信息自动采集系统使用，又可对普通压力表使用。

（6）输出结果标准化和多样化。根据综采工作面质量标准管理要求，软件最后输出一表两图（支架—围岩事故隐患图，工作面支护阻力分布图和报表），还可以输出一些必要的信息，如测站压力分布图、支架失效检测专题报告等。

（7）传统的软件由于受计算机软件技术的制约，处理数据极不方便,使操作者必须具有较高的计算机知识和专业知识水平才能较好地完成,不利于现场推广。窗口界面的出现,改变了这种面貌,本软件应用现行计算机软件技术,使操作者只需拥有一般专业知识,易于推广。

7 东庞煤矿大采高综采面支架—围岩系统监控的实践

邢台矿务局东庞煤矿主采煤层为 2 号煤,层厚 4 ~ 5m,平均 4.42m。自从 1986 年引进当时属工业性试验的国产 4.5m 厚煤层一次采全高综采支架开采 2 号煤以来,高架综采工作面创出了年产百万吨的记录。通过多年的综采实践,东庞矿高架综采创造了巨大的技术经济效益,并积累了丰富经验,保持了国产高架综采在全国的领先地位。东庞矿高架综采为我国厚煤层一次采全高创出了一条新路,然而高架综采生产中(尤其是支架—围岩系统)所存在的问题还远未完全解决,支架—围岩系统事故严重影响工作面安全和生产。如 2101 工作面由于支架—围岩系统未能得到有效控制,造成工作面严重咬架、倒架,停产调架时间长达一个多月;2107 综采面在整个开采过程中平均月产仅为 35919t。

邢台东庞煤矿 2 号煤层成功开采的实践表明,大采高综采不仅具有一般综采工作面(采高在 3.5m 以下)的优点,而且相比一般采高综合机械化对 2 号煤层进行分层开采具有无可比拟的优越性。具体表现在以下几方面:

(1)高架综采基本上适应 2 号煤层赋存特点和地质条件,尤其是采高与煤厚相协调,因而高架综采总体上不会因留顶底煤带来管理上的困难,并减少了巷道煤柱留设量,能够保证煤炭资源的合理开采和利用。

(2)高架综采促进了回采工作面的安全生产。首先是已经开采的所有高架工作面内均未发生过回采面顶板死亡事故,工作面顶板轻重伤事故率也大大低于高档工作面;其次是避免了分层开采带来的严重煤层自燃问题和底分层工作面回采供风困难问题。

(3)高架综采简化了生产工艺和巷道系统。生产工艺上取消了为开采底分层所需的铺网工艺、搬家倒面、开采工艺及底分层开采过程中为避免煤层自燃的防灭火工艺。巷道系统由于取消了底分层巷道掘进，回采巷道万吨掘进率由 44～55m 降为 24～30m。

（4）高架综采提高了工作面单产水平和劳动生产率。以采面倾角相似的 2702 大采高综采面和 2108 分层综采面相比，高架综采平均月产量是分层综采的 1.78 倍，工效是分层开采的 1.46 倍。

（5）高架综采促进了东庞煤矿技术进步和经济效益的提高。使用高架综采改变了东庞煤矿原煤产量构成，提高了综合机械化程度，有利于矿井集中生产。按使用期 10 年计算，虽然高架综采初期一次性投资较大，但从投入和产出比较来看，高架综采总投入是分层综采的 0.88 倍，设备所创产值是分层综采的 2.31 倍。

鉴于大采高综采的优越性，全国大采高综采的范围正在逐步扩大。然而全国综采工作面各项事故率的调查分析表明，综采工作面平均开机率低，使用大采高综采的高产工作面不多。顶板、支架和管理事故占全部事故的比例大，尤其是支架—围岩系统事故严重影响了大采高综采优越性的发挥。理论和实践研究表明，控制综采面支架—围岩系统、提高单产的主要方法是选择适于大采高综采的煤层和顶底板条件、正确选择支架、保证支架相对于围岩处于最佳工况和必要时辅以一定的特殊控制措施，所有这些构成了现场支架—围岩系统监控内容。

东庞煤矿 2703 工作面生产地质条件复杂，生产过程中支架—围岩系统难以得到有效控制。在实施支架—围岩监控系统之前的 10 个月开采过程中，支架底座和溜子常因仰采而抬起，煤壁片帮；支架顶梁抬头、底座下滑、整体倾斜、咬架，严重时甚至发生倒架，端面直接顶经常出现严重冒漏。大量支架—围岩系统事故不仅损坏了许多支护设备，增加了处理事故材料消耗和安全生产隐患，而且降低了采面劳动生产率，导致工作面平均月产水平一直徘徊在 4 万 t 左右。在因扇形调采后的倒架期间，工作面最低月产量仅为 11820t。

在计划实施现场监控地段，由于存在扇形调采和断层而使生产地质条件更为复杂。根据上述情况，为了降低生产系统（尤其是支架—围岩系统）事故率，保持工作面正常推进，提高工作面单产，决定对 2703 面实施现场开机率和支架—围岩系统监控，以摸索出复杂生产条件下保持工作面稳产、高产的办法。监控工作主要集中于下述三个方面：

（1）监控小组在 2703 工作面以生产班开机率为目标函数进行统计观测，分析了各类事故对生产的影响及其变化规律，据此制订相应措施并实行开机率监控日报。监控提高了采面开机率，工作面在监控四个月期间保持稳产、高产，平均月产水平由监控前 42453t/月 提高到监控期间 7 ~ 8 万 t/月。在不断改进监控系统的基础上，使后续大采高综采面月产煤炭水平达 21 ~ 24 万 t/月。

（2）在 2703 工作面和端头进行系统矿压监测，摸清了矿山压力显现的基本规律。首先，监控小组在分析确定支架结构性能和围岩原始条件的基础上，系统地观测了支架工况和围岩动态，并结合理论研究成果探讨支架工况与顶板动态的内在联系以确定各项监控指标及其合理范围。其次，为适应端头支护发展的需要，监控小组对端头矿压显现进行了观测和分析。

（3）通过矿压监测寻找支架—围岩系统得不到有效控制的原因，据此通过对工作面支架—围岩系统进行监控日报、专题报告和现场宣传指导实施科学化管理，有效控制了支架—围岩系统。

7.1 2703 综采面生产地质条件

7.1.1 工作面地质条件

2703 工作面为七采区第二个工作面，回采地质图如图 7-1 所示，工作面平均倾斜长度 149m，走向长度 1750m。地质构造以褶曲构造为主，褶曲外轴部从工作面中北部穿过，使煤层产状变化较大。煤层倾角 16° ~ 23°，沿工作面走向仰采、俯采交替出现，仰采最大角度 13°，俯采最大角度 12°。此外，沿工作面走向共揭露落差为 0.4 ~ 2.0m 较大断层 12 条，生产过程中工作面将经历两次扇形调采。工作面综合地质柱状图如图 7-2 所示，工作面老顶为 10 ~ 12m 厚的层状粗粒砂岩；直接顶为 2 ~ 5m 厚的深灰色泥质粉砂岩，局部区域含有大量植物化石和煤线，节理较发育；煤层厚度 4.2 ~ 4.9m，平均4.55m。

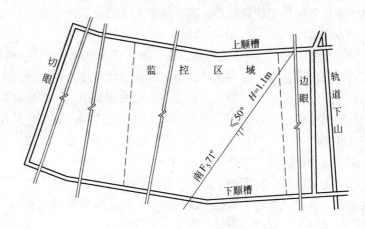

图 7-1 2703 工作面回采地质图

柱状	层号	层厚	累高	岩石名称	岩性描述
	1	12.8	12.8	中粗粒砂岩	灰白色,钙质胶结,坚硬,成分以石英、长石为主,含少量绿色矿物及黑、白云母,层理发育,以斜层理为主及断续状、缓波状层理
	2	4.6	17.4	粉砂岩	深灰色,致密块状构造,含炭化植物化石及碎片,中夹薄煤线,为煤层直接顶板
	3	4.55	21.95	2 号煤	黑色,块~碎块状,煤岩细分,主要以亮煤暗煤为主,镜煤以细条带状出现
	4	0.8	22.75	粉砂岩	深灰色,致密块状,含少量炭化植物化石
	5	1.5	24.25	细砂岩	浅灰色,致密坚硬,层面可见云母片
	6	0.6	24.85	碳质泥岩	黑色,含炭量较高,泥质胶结,顶为薄层铝土泥
	7	0.5	25.35	2_1号煤	黑色,碎块状
	8	7.8	33.15	粉砂岩	黑、灰色,致密均一,含植物化石,砂质结核
	9	0.5	33.65	2_2号煤	黑色,粉末状,节理发育

图 7-2 2703 工作面综合柱状图

在实际监控区域内，上、下两巷揭露与工作面斜交于调采区的南 F_5 断层。此外，工作面还需经历调采角度为 13° 的第二次调采，已经历的第一次调采角度为 10°，并发生了大规模的倒架事故，两次调采都是以机尾为中心调采机头。

7.1.2 工作面生产条件

2703 工作面采用厚煤层一次采全高（采高 4.3m）、走向长壁后退式全部垮落采煤法，劳动组织采用专业工种，两采一准，追机作业。

工作面支架使用 71 架 BY320-23/45、30 架 BY360-25/50 型二柱掩护式液压支架。BY320-23/45 型支架经历了 2702、2107 两个工作面开采使用后未经全面检修便投入 2703 工作面使用，支架最小控顶距 3.56m，最大控顶距 4.16m，其技术特征见图 7-3 和表 7-1。BY360-25/50 型支架是在改进 BY320-23/45 型支架基础上设计的，主要技术特征见表 7-2。采煤机为 MXA-300/4.5 无链可调高双滚筒联合采煤机，端头斜切进刀，双向穿梭采煤，采煤机技术特征见表 7-3。工作面输送机为 SGZ-730/320 侧卸式双中链刮板输送机，技术特征见表 7-4。运输平巷运输系统采用 SGZ-730/160 桥式转载机、LPS-100 破碎机和 DSP-1063/1000 可

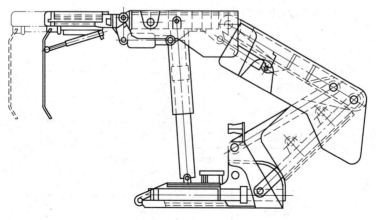

图 7-3 BY320-23/45 型掩护式支架结构简图

伸缩胶带输送机各 1 台。

表 7-1 BY320-23/45 支架技术特征表

项 目	内 容	单 位	规 格
适用条件	地质构造		地质构造简单，煤层赋存稳定，无影响支架通过的断层
	煤层厚度	m	2.75~4.2
	煤层倾角	(°)	<15
	老 顶	级	Ⅰ、Ⅱ
	直接顶	类	1、2
	底 板		直接底板或煤底，底板平整，抗压强度不小于9.8MPa
总体特征	单双伸缩		双伸缩
	初撑力	kN	2352
	工作阻力	kN	3136
	安全阀开启压力	MPa	41.160
	泵站工作压力	MPa	31.360
	外形尺寸（长×宽）	m×m	5.6×（1.416~1.60）
	支撑高度	m	2.3~4.5
	支架中心距	m	1.5
	支架移架步距	m	0.6
	支架支护面积	m^2	5.6~6.5
	顶板遮盖率	%	77.78
	支护压强	MPa	0.5635~0.586
	最大比压	MPa	2.2736
	支架重量	kN	154.84

表 7-2 BY360-25/50 支架技术特征表

项 目	内 容	单 位	规 格
适用条件	地质构造		地质构造简单，煤层赋存稳定，无影响支架通过的断层
	煤层厚度	m	3.0～4.8
	煤层倾角	(°)	<15，加防倒、防滑装置可扩大适用范围
	老 顶	级	Ⅱ
	直接顶	类	2
	底 板		直接底板或煤底，底板平整，抗压强度不小于4.9MPa
总体特征	单双伸缩		双伸缩
	初撑力	kN	3092
	工作阻力	kN	3600
	安全阀开启压力	MPa	36.0
	泵站工作压力	MPa	31.5
	支架宽度	m	1.43～1.60
	支撑高度	m	2.5～5.0
	支架中心距	m	1.5
	支架移架步距	m	0.6
	支架支护面积	m²	5.74～6.64
	顶板遮盖率	%	77.78
	支护压强	MPa	0.53～0.61
	最大比压	MPa	2.35
	支架重量	kN	193.70

表 7-3 MXA-300/4.5 型采煤机技术特征表

项 目	内 容	单 位	规 格
适用条件	顶 板		中等稳定
	煤层性质		煤质中硬或 $f=2～3$ 的矸石夹层
	倾角	(°)	0～10
	采高范围	m	2.3～4.5
	底 板		较坚硬且起伏不大

续表 7-3

项 目	内 容	单 位	规 格
总体特征	截 深	m	0.625
	卧底量	m	0.185
	电机功率	kW	300
	牵引速度	m/min	0 ~ 8.6
	生产能力	t/h	976
	外形尺寸（长×宽×高）	mm × mm × mm	12717 × 2342 × 1905

表 7-4 SGZ-730/320 输送机技术特征表

项 目	规 格
适用条件	缓倾斜中厚煤层
溜槽尺寸（长×宽×高）/mm × mm × mm	1500 × 732 × 220
链速/m·s^{-1}	0.93
紧链器形式	闸盘式
液力耦合器	YL-560
电机型号	KBY-160
电机功率/kW	2 × 160
输送能力/t·h^{-1}	700

工作面上、下两巷都采用掘进机跟顶掘进，12 号矿用工字钢梯形棚支护，棚距 0.7m，棚腿扎角 75°。回风平巷梯形棚梁长 2.6m，腿长 3.4m，运输平巷梁长、腿长均为 3.4m。端头支护是一架大采高支架部分跨入巷道，在工作面初次来压前，机头、机尾各排一个规格 1.6m × 1.6m 的木垛，使用规格为 1600mm × 150mm × 150mm 的方木。两巷超前支护距离 15 ~ 20m，过渡到放顶区后回撤。如图 7-4 所示，回风平巷采用 φ200 ~ 220mm、厚度大于 150mm、长 2600mm 的半圆木替换梯形棚梁，腿采用两道沿走向柱距为 1m 的 DZ-3800 单体柱，下帮一道用 HDJA-1000 金属铰接顶梁、上帮一道用 2m 金属铰接顶梁沿走向铰接后组成单体柱沿走向顶梁。运输平巷采用长 3200mm、厚 180mm、两面见锯的大板替换梯形棚梁，腿采用三道柱距为 1m 的

图 7-4 回风平巷端头超前支护

DZ-3800 的单体柱，上帮一道采用 2m 金属顶梁、下帮二道采用 HD-JA-1000 金属铰接顶梁作为单体柱的走向顶梁。

7.2 监控的思路和方法

7.2.1 监控的总体指导思想

综采工作面是否稳产、高产取决于四个因素：地质条件、设备状况、开采技术和管理水平。2703 工作面在未进行监控以前，生产系统运行状况的调查分析表明：导致大采高工作面产量过低的关键原因在于支架—围岩系统得不到有效控制，要创造高产则需要各生产环节的综合协调。

鉴于 2703 面地质条件较为复杂，尤其是实施现场监控地段更为复杂，有些方面已超出了支架和采煤机适应范围，半数以上支架又是使用多年的老设备。因此，监控工作一方面以采煤机开机率为目标函数进行生产班开机率监控，不断确定和消除生产系统中薄弱环节，协调各环节关系，促进生产系统正常运行；另一方面着重分析具体地质条件下围岩运动规律、检测支架质量和加强支架检修、大幅度提高开采技术和管理水平，从而有效监控支架—围岩系统。此外，为合理确定和改进端头支护，还需对端头矿压显现进行观测与分析。

7.2.2 生产班开机率监控

开机率监控流程图如图 7-5 所示。凡是采煤机正常有效割煤和必需辅助工序（如斜切进刀等）所占用时间为正常生产（即有效开机）时间，其他一切时间皆为事故影响时间。根据生产系统各环节关系及采面三机配套关系，将事故划分为九类。此项观测是每天需一人跟一个生产班，通过监控报告分析反映监测信息并得出当班及近阶段开机率和各项事故率变化情况及其原因，为正确决策和指挥生产提供依据。

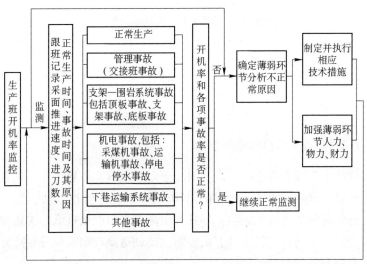

图 7-5 开机率监控流程图

7.2.3 支架—围岩系统监控

支架—围岩系统中，液压支架的使用基本保证了人身安全，存在的主要问题是影响开机率的三类事故，即顶板事故、支架事故和底板事故。为确保工作面的高效生产，应控制支架—围岩事故率在一定范围之内。

支架—围岩系统事故率的控制在于根据 2703 工作面实际生产地质条件和支架—围岩系统矿压显现情况，正确评价和确定系统中的主次矛盾、关键因素及支架与围岩关系，并通过支护系统监控寻找行之有效的控制途径。为此，在工作面设置如图 7-6 所示测站，工作面共布置 11 条观测线。每条巷道变形测站由 1 对观测顶、底板移近量和1 对观测两帮移近量的基点组成。

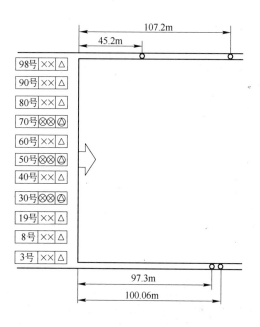

图 7-6　测站布置

（巷道变形测站距离为初始值）

图例：×—立柱压力表；△—前梁千斤顶压力表；⊗—立柱圆图压力自记仪；

◎—前梁千斤顶圆图压力自记仪；3～98 号—测站所在支架编号；○—巷道变形测站

根据此次监控目的，确定监控内容和方法如下：

（1）围岩原始赋存条件的确定。根据 2703 工作面回采地质图和地质说明书及开采过程中揭露的地质情况，确定地质构造、总体产状、岩性和厚度。开采过程中，测定直接顶和煤体的抗压强度，测量直接顶岩体裂隙的分布密度、分层厚度以及垮落后岩块大小。抗压强度、结构面分布每隔一个月在检修班沿工作面分区取样测定，岩块块度每天在检修班沿观测线观测顶板冒落时测定。由于开采过程中未出现液压支架压入底板过深情况，底板力学性质及其活动规律未进行深入研究，但对底板平整程度及是否局部突起，通过在检修班沿观测线观测刮板输送机倾向角和推拉杆走向角宏观记录加以评价。

（2）采煤机割顶、底及煤壁情况。沿观测线量测采高，统计观测采煤机跟顶留底还是跟底留顶、割底的平整度、煤壁铅垂方向直率及沿倾向方向直率。此项工作是检修班每天观测一次。

（3）老顶断裂、来压。在12月份采面调采期间，上、下两巷专门设置了反弹信息测站预报老顶来压。在总体监测过程中，通过综合考察支架压力变化、煤壁片帮和直接顶冒落情况预报、确定老顶来压。

（4）煤体片帮和直接顶冒落。沿观测线统计观测煤体片帮和直接顶冒落情况，具体内容包括煤体片帮深度和沿工作面倾向范围，直接顶冒落类型、冒宽、冒高和范围。此项工作每天检修班观测一次，生产班监测开机率的测工对煤体片帮、顶板冒落仅作一些宏观记录。

（5）工作面支架实际质量。对工作面所有支架液压系统和机械元件损坏失效情况进行观测调查。此项工作是每月在检修班系统地进行若干次。

（6）支架走向动态。首先是液压支架载荷的观测，圆图自记仪每天在检修班更换记录纸，耐冲击压力表在检修班测读压力值。其次是支架在工作面所处方位观测，观测内容包括梁端距、控顶距、顶梁走向角、顶梁台阶。此项工作每天在检修班进行一次。

（7）支架倾向动态。在每条观测线进行立柱倾角、推拉杆与刮板输送机夹角观测。同时对与此相关的因素（运输平巷超前回风平巷距离、运输机尾和机尾支架与回风平巷上帮距离、运输机头和机头支架与运输平巷下帮距离）进行观测。此项工作在检修班每天进行一次。割煤移架造成支架动负荷是不可避免的，监控期间一直没有采取特殊监控措施，故这两项内容无需考察。

（8）端头矿压显现。观测两巷超前支护距离、巷道变形测站变形情况，同时对端头附近支架动态进行择项观测。此项工作每天在检修班进行一次。

7.3 开机率监控

7.3.1 2703面开机率监控分析

开机率是生产班内采煤机有效割煤和必需辅助工序所占时间的比率，也即正常生产时间与生产班时间的比率。采面产量、推进度、有效进刀数与开机率应存在某种关系。在面长、采高和煤体相对密度一定的情况下，生产班产量与推进度成线性增长关系；在采煤机割煤截深保持不变的情况下，生产班推进度与有效进刀数保持线性增长关系；在采煤机牵引速度保持不变且不考虑采煤机未有效割煤但必须开机时间（如斜切进刀等），生产班有效进刀数与开机率成线性增长关系。

根据上述分析得出生产班产量、推进度、有效进刀数与开机率的关系如下：

$$Q = lm\gamma D = (480vmd\gamma)k \tag{7-1}$$

$$D = Nd = (480vd/l)k \tag{7-2}$$

$$N = (480v/l)k \tag{7-3}$$

式中　Q——生产班产量，t；

　　　l——工作面长，m；

　　　m——采高，m；

　　　γ——容重，t/m^3；

　　　D——生产班推进度，m；

　　　N——生产班有效进刀数；

　　　v——采煤机牵引速度，m/min；

　　　k——生产班开机率，%；

　　　480——生产班时间，"三八"制每个生产班时间480min。

事实上，由于具体开采过程中生产地质条件复杂多变，必需的辅助工序影响和工人对生产设备操作使用差异，Q、D、N 的具体表达式只能根据生产过程中采煤机实际运行情况统计观测并作回归分析得出。监测所得表达式如下：

$$Q = 110.5 + 3009k \quad (n = 92, r = 0.88) \tag{7-4}$$

$$D = 0.131 + 3.57k \quad (n = 92, r = 0.93) \tag{7-5}$$

$$N = 0.229 + 6.26k \quad (n = 92, r = 0.90, t = 20) \tag{7-6}$$

显然，开机率和各项事故率存在式（7-7）所示关系，提高工作面开机率的途径在于降低事故率。要使工作面月产水平达到 7~8 万 t，则 2703 面开机率监控指标如表 7-5 所示。

$$k = 1 - (X_1 + X_2 + X_3 + X_4 + X_5 + X_6 + X_7 + X_8 + X_9) \tag{7-7}$$

式中　X_1——交接班事故率,% ;

　　　X_2——顶板事故率,% ;

　　　X_3——支架事故率,% ;

　　　X_4——底板事故率,% ;

　　　X_5——采煤机事故率,% ;

　　　X_6——运输机事故率,% ;

　　　X_7——停电、停水事故率,% ;

　　　X_8——运输平巷运输系统事故率,% ;

　　　X_9——其他事故率,%。

表 7-5　2703 面开机率监控指标表

指　标	月产水平 /t·月$^{-1}$	生产班产量* /t·班$^{-1}$	日进度* /m·d^{-1}	有效进刀数* /刀·班$^{-1}$	开机率 /%	总事故率* /%
范　围	70000 ~ 80000	1147.5 ~ 1311.5	2.72 ~ 3.11	2.39 ~ 2.73	34.46 ~ 39.91	65.54 ~ 60.09

注: 在右上角带 * 者为某一层次上非独立指标。

7.3.2　开机率监控实施及结果

2703 面监控前后有关开机率的各项指标如表 7-6 所示。由表可知，监控前影响开机率的主要因素为支架—围岩系统（包括顶板、支架和底板）、交接班事故。监控小组根据生产系统运行情况从系统可靠性出发进行监测，借助于对策论的思想和方法进行生产系统决策优化，从而增加系统正常工作时间和减少事故时间。具体监控

表 7-6 2703 面生产系统运行情况表

项 目	内 容	监控前		监控后		
生产情况	平均月产水平 /t·月⁻¹	42453		75997		
	生产班开机率 /%	19.46		37.73		
		事故率 均值/%	占总事故 比例/%	事故率 均值/%	标准差/%	占总事故 比例/%
生产班 事故构成	交接班	24.41	29.07	21.08	9.44	33.85
	顶板事故	20.79	27.05	10.03	16.34	16.11
	支架事故	11.40	14.15	5.74	6.04	9.22
	底板事故	6.34	7.87	5.90	7.16	9.47
	采煤机事故	3.13	3.89	2.87	5.13	4.61
	运输机事故	5.58	6.93	5.19	7.85	8.33
	停电、停水	1.15	1.43	1.13	4.97	1.81
	运输平巷运 输系统事故	6.53	8.11	9.14	11.10	14.68
	其他事故	1.21	1.50	1.19	3.84	1.91

工作实施如下：

（1）专人对生产班开机率、事故率进行井下观测，由计算机处理观测数据并打印出如本章附录 1 所示的开机率监控日报，报送有关领导和综采队。

（2）监控日报一方面给出直观反映当天生产班生产时间进程图，另一方面列表说明正常生产和各类事故时间所占比重。从而使生产决策者准确及时地掌握工作面生产中的关键问题，抓住主要矛盾；同时还可从监控日报中找出哪些类型事故超出了正常波动范围，分清开机率过低的责任，有利于提高工人责任心。

（3）将开机率和事故率的监测与减少、消除事故措施的制定、落实相结合。根据监测信息所揭示的主要矛盾及存在问题，监控小组提出有关控制措施，并监测和参与这些措施的落实过程。这些控制措施包括：合理配置人力、物力、财力，适当调整生产环节和劳动组织，有效解决事故控制中的技术问题。

（4）将各项措施的实施与实施效果的检查、反馈与修正相结合。监控工作是逐日进行的，今日监控就是对昨日乃至以前的检查，经过一段时间的改善与调整，就可以逐步消除生产系统运行中的不合理因素，从而提高生产系统的可靠性和开机率，增加工作面产量。

（5）在治理事故过程中，监控小组根据不同事故原因制定相应对策，做到具体问题具体分析解决。

1）交接班事故是生产系统中占第二位事故，监测分析其具体原因有：采面离井底车场距离较远，若不乘人车来回步行约需120min；人车发车太晚，人车发至采区下部车场时往往已超过正常上班时间20~30min，工人再步行至采区并做完准备工作已超过正常上班时间40~50min。更主要的是采面采用"三八"制生产，工人若在工作面干满8h，则在井下时间往往在10h以上，因而工人劳动时间长、劳动强度大，导致工人开机晚和割完一定刀数后早下班。据此，监控小组建议：人车应准时发车，并将工人送至采区下部车场，正常情况下不得半途停车返回。将"三八"制改成"四六"制作业，此项措施由于监控期间人员未调整完成而没能实施，只是着重于缩短准备时间和完成劳动定额。

2）支架—围岩系统事故是生产中占第一位事故，故对此项事故实施专项重点监控，具体监控内容见后。

3）机电设备事故包括采煤机、运输机及停电和停水事故。主要通过在检修班加强设备检修、落实检修责任制（如班前会上以下计划任务书方式下达检修任务，检修后建立设备检修台帐、落实奖惩措施等）减少事故发生。

4）运输平巷运输事故主要是皮带跑偏、接头断开、煤仓满所引起，通过加强皮带设备检修和维护、合理调车运煤减少事故率。监控后由于采面产量提高，运输平巷运输系统运煤任务大为增加，经常发生煤仓满事故，使运输平巷运输系统事故率有所增加。但监控期间东庞煤矿已实施大皮带运煤工程，该工程完工后可以将采区煤仓煤炭一直运至主井底煤仓，以解决采区煤仓满不能生产的问题。

5）其他事故是指端头支护、工人吃班中餐、来人参观等影响。这项事故所占比重很少，基本上属正常范围。

总体来说，监控小组通过监控日报、专题材料、口头汇报宣传和现场指导实施全面监控工作。由表7-6可知，监控期间生产系统运行的可靠性大为提高，工作面月产水平、开机率皆控制在表7-5所要求范围内。除运输平巷运输系统事故率外，其他事故率皆有不同程度的下降。尤其是支架—围岩系统由于进行了重点专项监控，事故率由原来的38.53%大幅度下降到21.67%。

监控期间开机率和各项事故率的直方图见图7-7。由表7-6和图7-7可知，除开机率和交接班事故率外，其他各类事故率标准差皆大于对应事故率平均值，且其频率分布直方图参差不一。因而这些事故的离

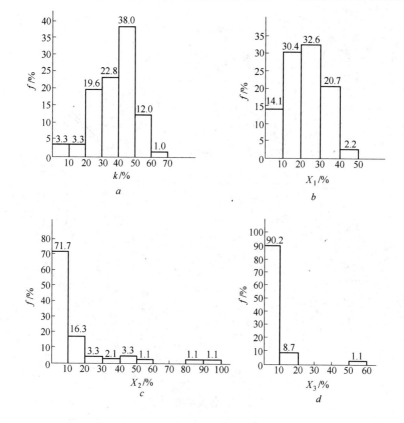

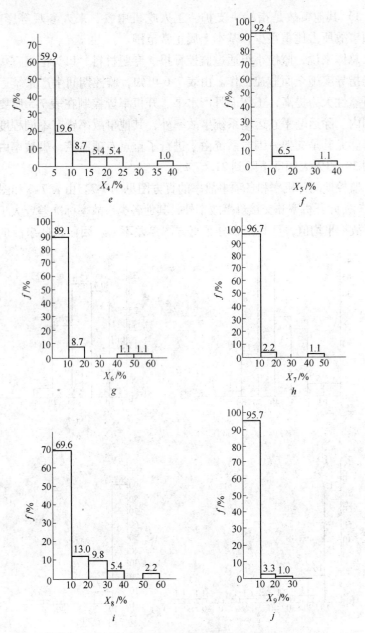

图 7-7 开机率及各类事故率分布直方图

散性很大，在某一生产班事故率值较大事故的发生具有偶发的性质。

2703 面开机率监控工作及其结果表明：复杂生产地质条件下大采高综采面生产系统较为复杂，影响生产诸因素彼此交织在一起，完全凭借一定的生产管理经验难以正确判断。监控工作的实施有助于揭示生产系统运行中的本质规律和制订相应技术管理措施，有助于工程技术管理人员抓住主要矛盾和实施科学管理，有助于提高工人的技术素质和责任心，使采面设备发挥最大作用，使生产过程程序化、制度化和科学化。因而监控是提高低产队原煤产量行之有效的办法，对提高综采面单产是十分必要的。

7.4　支架—围岩系统监控

根据大采高综采工作面支架—围岩系统现场实测、相似材料模拟试验、计算机模拟计算和理论分析的综合研究成果，确定支架—围岩系统监控流程如图 7-8 所示。

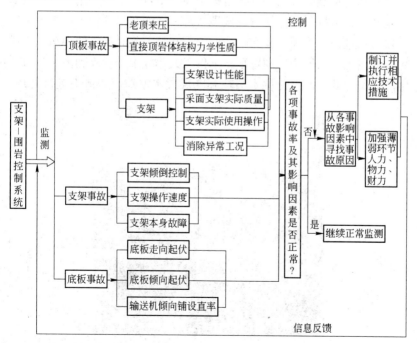

图 7-8　支架—围岩系统监控流程图

7.4.1 顶板事故及其监控指标分析

顶板事故指工作面控顶区内顶板冒落或由其直接引发故障而不能正常生产的事故。它对生产的危害较大，一旦发生对生产影响时间往往较长，而且大大加剧了工作面设备磨损和老化，因而是支架—围岩系统中占第一位的事故。工作面顶板事故的根本起因在于煤壁到支架梁端无支护空间内顶板冒落，并由此引发一系列事故。如采煤机无法正常通过机道堆积岩块和冒顶区的停机事故，支架沿走向方向产生顶梁严重抬头或支架支撑高度过低甚至压死而无法正常工作、沿倾向产生顶梁台阶和咬架而无法正常拉架事故（沿倾向挤架、倒架归入支架事故），冒落在机道岩块使溜子无法正常开动甚至拉矸断链事故。

就支护系统来说，如图7-9所示，端面出现片帮冒顶后，首先是使用伸缩前梁和护帮板实行超前支护。此法一方面伸缩前梁、护帮板的尺寸和支护能力有限，且护帮板护顶后不再起护帮作用，另一方面不能充填冒落洞穴而保持有效接顶状态，因而在冒顶较为严重时无法有效遏制进一步冒顶。其次是采取勾顶和超前临时支护的办法，这样势必造成工作面停产处理冒顶，不仅工人作业十分危险和困难，致使生产效率降低，而且使坑木消耗和吨煤成本增加。如果不进行处理，

图 7-9 端面冒顶后超前支护图

势必造成支架顶梁进一步抬头和如图 7-10 所示顶梁与掩护梁夹角近
180°，其结果不仅降低了支架承载能力，而且加剧了支架损坏（尤其
是导致平衡千斤顶缸盖被拉出或耳座被拉坏）。

图 7-10　端面冒顶后顶掩夹角近 180°

当未经处理的冒顶区顶板进入支架顶梁区域后，顶板本身已破碎
或出现空洞，再加上支架反复支撑作用，顶板成松散块状从如图
7-11、图 7-12 所示的架间空隙、端面处或降架前移时冒落下来。处

图 7-11　架间空隙处顶板冒落

图 7-12   顶梁台阶处顶板冒落

在此状态的支架一方面会出现顶梁严重抬头、支撑高度过低甚至压死、稳定性较差容易产生顶梁台阶和咬架、支架零部件损坏使支架不能正常推移，采煤机不能正常割煤；另一方面由于顶板呈松散岩块冒落，顶梁前部不能有效接顶，加大了端面距，并降低了直接顶—支架—底板力学系统的支护刚度，恶化了顶板受力状态，从而导致顶板进一步冒落和支护系统不能正常工作的恶性循环。

综合上述分析可见，顶板事故是端面顶板产生严重冒落的必然结果。顶板事故率 x 与端面顶板最大冒高 H、冒长/面长 λ 的回归关系见表 7-7。反映端面顶板冒落程度的指标是冒高 h、冒宽 d、冒长/面长 λ，其中冒高 h 与冒宽 d 的回归关系见表 7-7。冒高 h 与反映支架走向几何位态的指标顶梁俯仰角 γ、顶梁台阶 f 的回归关系见表 7-7。根据表 7-7 即可得出 2703 工作面顶板事故监控指标如表 7-8 所示。

表 7-7   顶板事故率及其影响因素分析

回归函数	影响因素	回归方程	方程检验
顶板事故率 x	最大冒高 H	$x = 0.0228 e^{1.85H}$	$n = 86$, $r = 0.896$, $t = 14.91$
顶板事故率 x	冒长/面长 λ	$x = -0.0119 + 0.447\lambda$	$n = 86$, $r = 0.761$, $t = 10.07$
冒高 h	冒宽 d	$h = 0.113 + 0.764d$	$n = 1133$, $r = 0.601$, $t = 7.324$
冒高 h	顶梁俯仰角 γ	$h = 0.197 + 4.33\gamma$	$n = 1133$, $r = 0.581$, $t = 6.528$
冒高 h	顶梁台阶 f	$h = 0.184 + 2.061f$	$n = 1133$, $r = 0.562$, $t = 6.031$

表 7-8 2703 工作面顶板事故率监控指标

指 标	x	H/m	λ	d/m	γ/(°)	f/m
范 围	<10%	<0.8	<25%	<0.9	<8	<0.3

7.4.2 端面冒顶控制

7.4.2.1 老顶来压监控及老顶分级

A 老顶来压监控

老顶来压通过工作面支架—围岩系统宏观矿压显现表现出来。根据 2703 工作面生产地质条件、监测获得信息具体情况和最能反映老顶来压特征三方面的要求，将工作面划分为下部（1~35 号架）、中部（36~65 号架）和上部（66~101 号架）区域，并确定了如表 7-9所示的工作面矿山压力显现合理典型类别数及聚类中心。监控过程中将工作面当天相应指标值输入计算机进行模糊数学综合评判，即可获得每天矿压显现的类别和归类可靠度系数 λ。

表 7-9 矿压显现聚类中心表

区域	序号	矿压显现的典型类别	立柱循环压力增量/MPa	片帮最大深度/m	片长/面长	冒顶最大高度/m	冒长/面长
下部	1	来压类	7.0	0.95	0.45	1.10	0.47
	2	压力异常类	5.0	0.65	0.27	0.75	0.27
	3	一般压力类	3.0	0.35	0.20	0.45	0.18
中部	1	来压类	13.5	1.10	0.50	1.30	0.50
	2	压力异常类	9.5	0.85	0.35	0.85	0.29
	3	一般压力类	5.5	0.55	0.15	0.50	0.15
上部	1	来压类	8.5	1.00	0.35	1.30	0.45
	2	压力异常类	6.5	0.70	0.20	0.90	0.30
	3	一般压力类	4.0	0.40	0.10	0.60	0.20

通过监控日报、专题报告等通报老顶来压时间、区域和强度等信息，在来压期间从支架、采煤工艺诸方面加强对来压显现的控制，尤其是工作面扇形调采期间，若周期来压强度较大，可取消检修班，采

取三班连续出煤方式推过来压区域。

B 老顶分级

按照《缓倾斜煤层工作面顶板分类方案》，老顶分级指标是直接顶厚度与采高比值 N 和老顶初次来压步距 L。根据 2703 工作面生产地质条件 $N = 0.47 \sim 1.16$，老顶初次来压步距 38m，平均周期来压步距 12m。综合上述两项指标，2703 工作面老顶属于 Ⅱ 级来压明显顶板。

7.4.2.2 直接顶

在监控 2703 工作面期间并未采取任何特殊控顶措施以改变直接顶岩体结构力学性质，只是定期通报岩体力学性质变化情况及容易冒顶区域。

根据直接顶强度指数和直接顶初次跨落步距，2703 工作面直接顶属于不稳定顶板中偏向中等稳定的顶板。综合老顶、直接顶的分析可知，2703 工作面顶板属于 Ⅱ 级 1 类偏上顶板，选用掩护式架型是合理的。

7.4.2.3 液压支架

A 工作面支架实际质量监控

工作面支架实际质量指支架液压系统失效和机械元件损坏情况。显然，支架质量是液压支架控顶的物质基础，支架质量低下必将导致端面严重冒顶。为此，支架质量监控应作为重点监控内容进行监控，并开展了以下几方面工作：

（1）根据大采高支架结构特征及工作面支架实际质量情况，将支架划分为 6 个子系统，分别为上柱、下柱、前梁、平衡千斤顶、片阀及其后侧供回液管路、护帮。

（2）每隔 5 天左右井下实测调查支架实际质量情况，查出故障后当场责令支架检修工维修解决。对于当班不能解决的情况，要填写支架检修台帐予以上报，并提出解决期限。

（3）监控小组不仅通过监控日报、口头汇报反映支架质量问题，而且及时发布支架质量观测与分析报告（参见本章附录 2）。专题报告详细指出质量故障所在架号、部位、原因，并按支架检修的轻重缓急将质量问题划分为四类，即支架立柱不正常工作，前梁不正常工作，平衡、片阀及其后侧供回液管路故障，护帮故障。此外监控小组及时发布附有图 7-13 和表 7-10 的支架质量观测汇总结果。

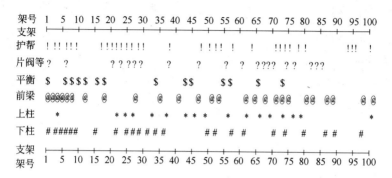

图 7-13 12 月份支架质量调查分析结果汇总

图例：#—下柱液压系统失效；＊—上柱液压系统失效；@—前梁液压系统失效；
$—平衡液压系统失效；!—护帮故障；?—片阀及后侧供、回液管路故障

表 7-10 12 月份支架失效元件和故障部位分布

失效元件 ＼ 故障部位	安全阀	单向阀	液压系统	柱体	柱根螺扣	片阀前侧管路	机械损坏	片阀及后侧管路	合计	采面支架元件失效百分比/%
上　柱	7	2	6	1	1				17	17
下　柱	8	4	5	2	5				24	24
前　架	23					2	1		26	26
平　衡	10					2	2		14	14
片阀等								20	20	20
护　帮	5	2	4			6	15		32	32
故障部位合计数（不计护帮）	48	6	11	3	6	4	3	3	84	
占总故障数百分比（不计护帮）/%	57	7.1	13.1	3.6	7.1	4.8	3.6	3.6	100	

（4）根据历次端面顶板冒落与支架质量关系确定支架主要质量控制指标如表 7-11 所示。

表 7-11 支架质量主要监控指标

监控指标	适用条件	计算方法	指标值
立柱失效率	正常顶板条件	任意相邻 5 架	<20%
立柱失效率	异常顶板条件（如过断层、破碎带、调采等）	任意相邻 5 架	<10%
前梁失效率	正常顶板条件	任意相邻 10 架	<20%
前梁失效率	异常顶板条件（如过断层、破碎带、调采等）	任意相邻 10 架	<10%

（5）具体分析支架质量低下的原因，寻找、制订解决问题的相应技术措施。

支架质量事故中液压系统失效占大多数，具体表现为阀组失效、千斤顶本身失效、接头漏液等，其中安全阀和单向阀失效占多数。通过观测分析得出问题的根本原因在于新下井的支架元件质量太差，50% 新安全阀刚换上就漏液，60% 立柱刚换上就内部严重窜液。这样一方面导致了支架失效元件即使换上新元件仍不能保证其正常工作，另一方面大大加大了检修工作量。为此，减少液压系统失效在于：通过改善进货渠道和地面试压两个环节把住支架元件质量关；井下加强液压元件检修和提高检修质量，及时、高标准地排除液压系统失效故障。

支架元件的机械损坏在井下往往难以修复。机械损坏总体情况是：立柱无机械损坏情况。有两架 BY360-25/50 型支架顶梁上各一个平衡千斤顶耳座变形使千斤顶掉出，如图 7-14 所示。有一架 BY320-23/45

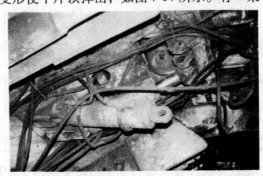

图 7-14 支架顶梁上平衡千斤顶耳座变形后千斤顶掉出图片

型支架顶梁右侧（面向煤壁时）侧护板变形损坏后无法使用。护帮机械损坏最为严重，有些护帮因耳座变形不能使用（如图 7-15 所示）；有些护帮耳座被采煤机割掉；个别护帮在移架后卡在前梁上放不下来（如图 7-16 所示）。针对上述情况，要求支架提高耳座强度和抗变形能力，采煤机不得割前梁，支架操作时协调操作。

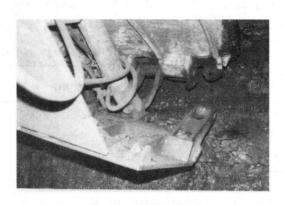

图 7-15　耳座变形护帮

图 7-16　护帮移架后卡在前梁上

B　支架实际使用操作

现场实测表明，端面顶板冒落与各影响因素之间存在着表 7-12 所示关系。根据表 7-12 确定表 7-13 所示的支架实际使用操作指标。监控小组通过监控日报及时反映有关情况，并根据表 7-13 作出评价和建议。

表 7-12 端面顶板冒落与影响因素关系

回归函数	影响因素	回归方程	方程检验
冒高 h	端面距 s	$h = -0.032 + 0.979s$	$n = 1133$, $r = 0.55$, $t = 5.843$
冒高 h	初撑力 p_0	$h = 2.831 - 0.684\ln p_0$	$n = 1133$, $r = 0.51$, $t = 4.932$
冒高 h	工作面推进速度 v	$h = 2.53e^{-0.46v}$	$n = 1133$, $r = 0.52$, $t = 5.143$
时间加权阻力 p_t	初撑力 p_0	$p_t = 11.34e^{0.036p_0}$	$n = 1133$, $r = 0.651$, $t = 8.124$
末阻力 p_m	初撑力 p_0	$p_m = 3.36 + 1.11p_0$	$n = 1133$, $r = 0.683$, $t = 8.621$

表 7-13 支架实际使用操作监控指标

监控指标	端面距 /m	接顶距 /m	梁端距 /m	初撑力 /MPa	加权阻力 /MPa	末阻力 /MPa	工作面推进速度/m·d⁻¹
指标值	<0.85	<0.5	<0.2~0.3	>19.5	>23	>25	>2.5

注：沿倾向移架滞后采煤机滚筒 10 架以上必须停机等待移架。工作面片帮深度达 0.6m 时，必须超前支护，顶板破碎时必须采用立即支护。

就力学分析法观点考虑，由 2703 面生产地质条件，可以计算出端面直接顶岩体临界端面距及其在支架侧支点所需铅垂方向支护力为：

$$S_0 = 2k_1k_2(\sqrt{f_0^2 + \lambda_0} + f_0)H_0$$
$$= 2 \times 0.65 \times 1.0 \times (\sqrt{0.30^2 + 0.25} + 0.30) \times 0.75$$
$$= 0.86m \qquad (7\text{-}8)$$

$$N_0 = \frac{1}{2}qS_0 = \frac{1}{2} \times 115 \times 0.86 = 49.5\text{kN/m} \qquad (7\text{-}9)$$

式中 S_0——临界端面距，m；

N_0——端面距为 S_0 时冒落拱在支架侧支点沿工作面方向单位长度所需铅垂方向支护力，kN/m；

H_0——临界冒高，$H_0 = 3d_0 = 0.75m$；

q——冒落拱承受的铅垂方向载荷，由于 2703 面支架能有效控制老顶失稳运动，取 $q = \sum h \cdot \gamma = 25 \times 4.6 = 115$ kN/m²；

f_0——支架顶梁与破碎岩体之间理论摩擦系数，一般取 $f_0 = 0.3$；

λ_0——直接顶碎裂结构散体在理想极限平衡条件下侧压系数，$\lambda_0 = \tan^2(45° - 37°/2) = 0.25$；

k_1——反映实际 f、λ 与 f_0、λ_0 差异的端面距修正系数，根据生产地质条件和模拟试验结果取 $k_i = 0.65$；

k_2——反映碎裂岩块形状对成拱影响的端面距计算修正系数，$k_2 = 1.0$。

比较统计分析法和力学分析法结果，表 7-13 中监控指标 s 值与 S_0 值是一致的。根据 2703 面生产地质条件对 BY320-23/45 型支架前梁支护性能进行分析，所得结果表明未伸活动前梁时，前梁梁端支撑能力为 53.8kN，略大于 N_0 值。由于端面距接近 S_0 时前梁梁端支撑能力所限，此时实际端面距 S 的顶梁侧起始计算位置应为前梁-顶板接顶点位置，而非抽屉形构件的活动前梁-顶板接顶点位置。端面冒顶时，向煤壁伸出活动前梁主要是起掩护作用，防止一些游离岩块冒落。

C 消除支架异常工况

支架异常工况是指除前述支架质量、实际使用操作外，使用者未按规定要求操作工作面设备并引起支架不正常工作的情况。监控工作中消除支架异常工况主要包括以下几个方面。

（1）采煤机割煤时保持采高正常，使支架保持正常支撑高度。

（2）采煤机割煤时跟顶留底，并割平顶底，避免因留顶煤造成人为破碎顶板。

（3）采煤机截割煤壁应整齐平直，避免导致端面距加大和移架不到位。

（4）保持泵站乳化液浓度正常，以利于延长支架元件寿命及移架时有效动作。

（5）支架前移时，首先将移架千斤顶控制阀打开，然后再降架前移，从而保证最大限度带压移架和擦顶前移。这样既避免降架量过大而漏矸和减缓支架对顶板的反复支撑作用，又产生指向煤壁的水平力和改变底板比压分布，十分有利于端面顶板控制和支架稳定性。

（6）支架沿倾向应排成一条直线。同时通过使用平衡千斤顶和移架时支架总体均衡操作,最大限度地改善顶梁沿走向俯仰角和顶梁与顶板接触状态。移架后支架两立柱应立即升足劲,避免支架左、右柱初撑力不均匀导致支架顶梁沿倾向接顶不佳。

(7)及时清除支架与工作面输送机之间的浮煤、浮矸,以利于支架前移、人员通行及设备检修和保护。

综合前述统计分析法和力学分析法的计算分析结果,有效控制顶板事故的指标体系如图7-17所示。

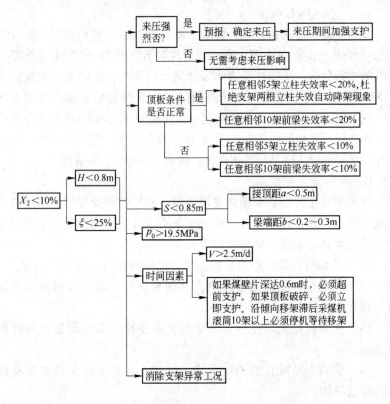

图 7-17 有效控制顶板事故的指标体系

7.4.3 支架事故及其控制

支架事故是指生产班支架沿倾向几何位态不正常(如图7-18所

图 7-18　挤架后前梁相互挤紧

示挤架、倾倒)、顶板冒落正常情况下采煤机前后方操作支架速度和支架本身故障影响采煤机有效割煤事故。

　　监控前调查表明 2703 工作面支架沿倾向几何位态不正常，一旦得不到有效控制便会发展成大规模挤架、倒架事故，从而长时间严重影响工作面生产。挤架、倾倒是底板倾角、支架推拉杆方向、支架本身和顶板冒落状况共同作用的结果，应在支架—围岩系统中加以综合考察。操作速度影响可以通过合理安排生产循环、劳动组织及提高工人操作水平加以解决。支架本身故障由支架机械元件和管路等日常损坏所引起，主要通过把握进货质量、提高支架元件验收和装配质量、加强支架检修予以解决。

　　2703 工作面监控过程中，71% 的支架呈现向上倾倒趋势，29% 支架呈现向下倾倒趋势。由于工作面正常采高到两巷高度过渡的影响，工作面机尾附近倾角较大，向上倾倒最严重支架集中在机尾附近；机头附近底板倾角较小，向下倾倒最严重支架集中在机头附近。通过统计分析支架倾倒事故率和倾倒角度得出支架倾倒监控指标如表 7-14 所示。支架倾倒控制关键在于控制工作面两端头附近支架倾角正常，而且两端头附近支架倾倒角度控制在正常范围内也为工作面支架倾倒控制在正常范围内提供了起点和基础。在 2703 工作面支架监控期间，若支架倾倒超出表 7-14 极限值，通过调整工作面防倒、防滑、端头支架锚固及移架时用单体柱人工调架使倾倒角重新控制在表 7-14 范围内，切实做到了将支架倾倒事故消灭在萌芽状态。

表 7-14 支架倾倒监控指标

监 控 指 标			指 标 值
倾倒事故率			1%
向上倾倒	重点区域		机尾附近
	支架向上倾倒		< 15°
	下柱倾角 β_1		< 105. 3° - α
	上柱倾角 β_2		< 104. 7° - α
向下倾倒	重点区域		机头附近
	支架向下倾倒		< 7. 5°
	下柱倾角 β_1		< 82. 8° - α
	上柱倾角 β_2		< 82. 2° - α
伪倾斜（机头超前机尾）/m			10 ~ 15

注：2703 工作面机尾底板倾角 α 平均值为 19°，机头底板倾角 α 平均值为 10°。

7.4.4 底板事故及其控制

2703 工作面底板事故为底板原始赋存不平整或采煤机割底不当使刮板输送机沿倾向起伏不直及沿走向起伏不平影响生产的事故。

刮板输送机倾向角变化及其走向角直接影响底板事故的发生。刮板输送机沿工作面倾向存在倾角突变的变坡点使无链牵引采煤机链轮与齿轨不能有效啮合而打滑，采煤机无法前进割煤。此类事故主要发生于采煤机上行时倾角突然变大的情况，占底板事故的 41%。刮板输送机相对于顶、底板原始走向角和支架底座走向角过大，即溜槽沿走向仰起使采煤机割前梁和卧底量减小，并进一步加剧刮板输送机沿走向仰起。刮板输送机相对于顶、底板原始走向角和支架底座走向角较小，即溜槽沿走向俯下使采煤机靠煤壁侧卧底量增大，并进一步加剧刮板输送机沿走向俯下。仰起和俯下引发的事故占底板事故的 49%。

通过分析监控信息得出表 7-15 所示的底板事故率监控指标，并在监控日报上反映有关信息，控制底板事故的关键在于采煤机司机根据工作面底板原始赋存条件调整滚筒割平底板，清煤工及时清除输送机后侧及架间浮矸、浮煤。若有关底板事故指标超出表 7-15 所列极限值，则应专门开动采煤机或人工调整使监控指标控制在合理范围内，从而保持输送机沿倾向、走向铺设要求及移架时支架底座前移正常。

表 7-15 底板事故率监控指标

监控指标	输送机倾向角度变化		输送机走向角度变化		
	打滑事故率	变坡点角度变化量	事故率	仰起角度	俯下角度（绝对值）
指标值	<2%	$\Delta\alpha < 4° \sim 5°$	<2.5%	$<3° \sim 4°$	<4°

注： 刮板输送机沿倾向铺设要直。

7.4.5 支架—围岩控制系统的应用效果

支架—围岩控制系统首先在东庞煤矿 2703 大采高综采面得到成功应用，继而扩大应用到 2103、2212、2106 大采高综采面，取得了极为显著的技术经济效益，具体表现在下述几方面：

（1）综采面增产效果显著。2703 面在监控期间虽然历经了扇形调采、过断层等复杂生产地质条件考验，但支架—围岩控制系统事故率大幅度下降，工作面平均月产水平由监控前 4 万 t 左右上升到 7 ~ 8 万 t。2103、2212 和 2106 综采面单产 8 ~ 11.5 万 t/月的明显效果。

（2）实现了安全生产。实时监控的大采高综采面支护质量明显提高，处理冒顶和倒架事故所造成的劳动危险度和不安全因素大幅度下降，杜绝了支架—围岩系统引发的人身伤亡事故。

（3）减少处理支架—围岩事故的各种消耗。支架—围岩事故的有效控制减少了综采面支护设备损坏，节省了处理事故的材料消耗和工时消耗，减轻了工人劳动强度，提高了劳动生产率。

（4）提高综采现场管理水平。支架—围岩控制系统融事故原因诊断及治理措施制订、实施、反馈为一体，为综采面提供了一整套揭示支架—围岩系统本质的先进实用管理方法，使高架综采生产技术管理真正实现了科学化、标准化和计算机化。东庞煤矿各级管理人员和工人皆认识到应用支架—围岩控制系统、全面加强支护质量管理是工作面高产稳定的基本途径和可靠保证，建立了及时消灭和处理事故萌芽、以预防为主的全面质量管理意识和运行机制，大大促进了综采面质量标准化工作。

（5）促进技术进步。支架—围岩控制系统在东庞煤矿的成功应用为有效控制支架—围岩系统以全面发挥大采高综采面高产高效潜在优势指出了方向，为国产高架综采在东庞煤矿扩大了使用范围提供了技术保障。

7.5　端头矿压显现

所谓端头是指回采工作面和顺槽交叉地点。在不采用沿空留巷的2703面，端头包括采面机头和机尾设备区、位于巷道内巷道端头、煤壁前方支承压力影响区。回采工作面端头部位不仅设备多、占用空间大、工序集中，而且是行人、通风、运煤和送料的重要通道口。采用单体液压支柱支护端头不仅费工、费时、劳动强度大，而且各设备配套及安全问题不够理想。2703面检修班大量人力都花在处理两端头支护、放顶和设备前移上。为此，监控小组专门进行了端头矿压观测，以求合理评价单体柱支护情况下合理支护超前距和支护措施，并从矿山压力方面对端头支架设计提出合理建议。

7.5.1　超前巷道变形观测结果

7.5.1.1　回风平巷变形观测结果分析

回风平巷Ⅰ、Ⅱ号测站变形观测结果如图7-19、图7-20所示。由图可见，巷道测站随着回采工作面临近和支承压力增大，围岩变形速度和变形值日益增大，在工作面附近达到最大值。

巷道顶板下沉分为三个区域：

（1）超前采面大于27m的未受采动影响区，顶板下沉速度小于8mm/d；

（2）超前采面17～27m的采动影响增强区，顶板下沉速度为8～25mm/d；

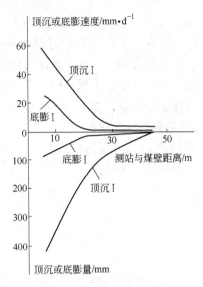

图 7-19　回风平巷顶沉和底膨

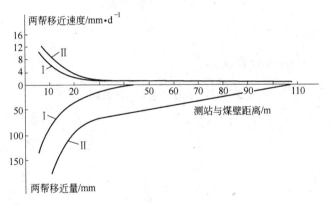

图 7-20　回风平巷两帮移近

（3）超前采面小于17m 的采动影响强烈区，顶板下沉速度超过25mm/d。

回风平巷 I 号测站累计顶板下沉量达 400 余毫米。底膨和两帮移近的变化规律基本上和顶沉变化规律一致，其中底膨量约占顶底板移近量20%，两帮累计移近量约为150mm。因而设计的回风平巷超前支护距离为15～20m 是合理的。

监控小组实测回风平巷超前支护距离为 6.4 ~ 23.6m，平均值为 15.2m；超前支护的单体液压支柱支护阻力仅为 40 ~ 50kN，而且一部分支柱已经失效。开采过程中，回风平巷端头顶板曾出现严重破碎冒落，煤壁严重坍塌，因而建议切实保证回风平巷设计的端头超前支护距离，确保单体液压支柱质量，提高单体柱初撑力和支护阻力。

7.5.1.2 运输平巷变形观测结果

运输平巷 Ⅰ、Ⅱ 号测站变形观测结果如图 7-21、图 7-22 所示。由图可知，顶板下沉分为三个区域：

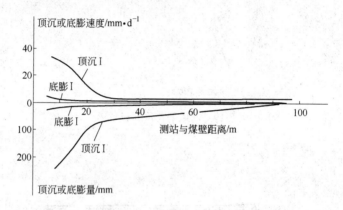

图 7-21 运输平巷顶沉和底膨

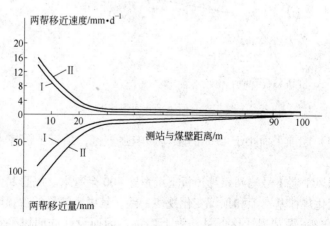

图 7-22 运输平巷两帮移近量

（1）超前采面 29m 的未受采动影响区，顶板下沉速度小于 3mm/d；

（2）超前采面 20～29m 的采动影响增强区，顶板下沉速度为 3～12mm/d；

（3）超前采面小于 20m 的采动影响强烈区，顶板下沉速度大于 12mm/d。

运输平巷 I 号测站累计顶板下沉量为 250mm。底膨量很小，仅为 30mm 左右。两帮移近的变化规律与顶沉变化规律基本一致，累计移近量为 90～125mm。

监控小组实测运输平巷超前支护距离为 8.0～18.64m，平均值为 13.22m，使用的单体支柱一部分已经失效。由于运输平巷原始顶板较回风平巷原始顶板完整，强度较高，运输平巷总体围岩变形速度和变形量皆较小，巷道维护较好。就围岩变形控制来说，运输平巷超前支护距离应该保持 20m 为宜，且应切实保证单体柱质量。

7.5.2　端头液压支架

7.5.2.1　端头支架支护性能分析

2703 面沿采面长度方向支护强度变化情况如图 7-23 和表 7-16 所示，沿采面长度方向顶板冒落和片帮情况如图 7-24 和表 7-16 所示。

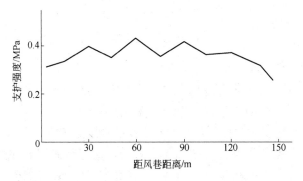

图 7-23　2703 面沿采面长度方向支护强度变化

表 7-16　端头矿压特征

指标 项目	上 端 头		下 端 头	
	与全采面均值比	与中段区域值比	与全采面均值比	与中段区域值比
支护强度	0.870	0.771	0.734	0.651
冒顶高度	1.31	1.16	0.896	0.791
冒顶频率	1.46	1.56	0.998	1.06
片帮深度	0.440	0.394	0.549	0.493
片帮频率	0.0282	0.0221	0.0563	0.0442

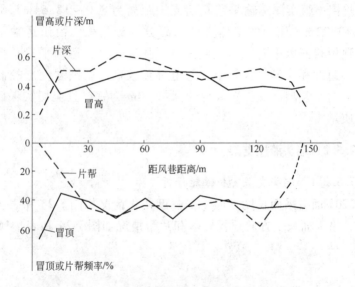

图 7-24　2703 面沿采面长度方向顶板冒落和片帮

根据上述结果，可提出下述建议：

（1）由于端头有巷道侧帮实体煤和采面煤壁支撑，此处顶板存在弧三角形悬板结构，故作用于支架和煤壁上顶板压力较采面中部小。端头支架支护强度可比采面支架支护强度小 20%~30%。

（2）端头冒顶不仅与顶板压力有关，更与直接顶岩体结构力学性质有关。由于上端头附近顶板比较破碎，且巷道内顶板长时间悬露，上端头顶板冒落情况较采面内严重；下端头附近顶板比较平整，但冒顶程度亦接近采面内顶板冒落程度。因而端头支架必须具有良好的护顶性能。

（3）端头支架支护面积较大。支架设计时应合理布置支柱，使其既能保证支架顶梁不脱离顶板，又能灵活机动地移架，使得端头支架始终能保持较大的支护面积。

7.5.2.2　端头支架稳定性及其他

2703 工作面开采实践表明，端头支架稳定性是采面内支架保持稳定的起点和基础。下端头支架稳定性不佳，采面支架就可能出现下滑、向下倾倒；上端头支架稳定性不好，采面支架就易出现向上倾倒、上窜或下滑，这些都会造成支架偏心受载，破坏支架良好工况。因而对端头支架设计提出下述要求：

（1）端头支架底座应设有完备的锚固装置，而且成组端头支架彼此之间相对锚固能力要强，保证端头支架具有良好的锚固能力。

（2）大采高端头支架在巷道中迈步前移时左右摆动较明显，因此要有可靠的调架千斤顶，调架力要足够，相应的各种连接耳子、销轴等要有足够的强度，移架过程中要特别注意防止支架发生转动。

（3）大采高端头支架顶梁和底座都比较长和大，机头和机尾等设备置于支架底座上，支架还用作推移转载机，因而端头支架推移力应该加大。加大端头支架推移力的途径为加大推移千斤顶缸径，或增加推移千斤顶个数。

（4）2703 面开采过程中，回风平巷两侧煤帮常出现片帮、坍塌现象。为了防止采面端头附近巷道煤壁片帮，要求端头支架有特殊侧护板，并设置相应护帮装置，以更好地维护巷道煤壁。

附　录

附录1　2703综采面支架—围岩控制系统监控日报

12月25日　观测人：巩、郭

一、生产班开机率和事故率状况

```
   I I I I              ? ? ? ?         & & & & &    $ $ $ J J J
   + - - + - - + - - + - - + - - + - - + - - + - - + - - + - - +
   6     7     8     9     10    11    12    13    14
```

I—接班时间；！—支架事故；＊—采煤机事故；$—运输机事故；? —顶板事故；
@—底板事故；%—停电停水；&—运输平巷运输系统事故；#—其他事故；J—交班时间

采煤机开机率及各类事故统计表

类　型	接班时间	正常生产	采煤机	运输机	顶板事故	底板事故	下巷运输	支架事故	其他事故	停水停电	交班时间
时间/h	1.00	3.25	0.00	0.75	1.00	0.00	1.25	0.00	0.00	0.00	0.75
百分比/%	12.50	40.62	0.00	9.38	12.50	0.00	15.62	0.00	0.00	0.00	9.4

注：对采煤机开机率影响最大的为：运输平巷运输系统，影响时间为：1.25h，占生产班时间15.62%。

二、采面顶板动态与支架动态

单　位	采高/m	支架倾斜/(°)	顶梁台阶/m	顶梁仰角/(°)	接顶距/m	前梁阻力/MPa	工作阻力/MPa	推运夹角/(°)	运输走向角/(°)	片帮深度/m	冒顶高度/m
平　均	4.11	0.25	0.12	5.45	0.04	24	20.82	97.82	-2.333	0.57	0.16
极差值		-13.0	0.40	17.00	0.40	7.00	9.00	115.00	5.000	1.20	0.90
架　号		98	98	50	3	19	98	80	98	74～80	47～56

三、评价与措施

1. 工作面回风平巷进尺 2.50m，运输平巷进尺 3.45m。

工作面调采比为：1.38，加快机头推进，注意调整调采比！

2. 回风平巷距拐点（C45 号点）6.40m，运输平巷过拐点（C44 号点）12.64m。

3. 运输机头距运输平巷煤帮 1.25m，支架距运输平巷煤帮 3.18m。

4. 运输机尾距回风平巷煤帮 0.23m，支架距回风平巷煤帮 0.90m。

5. 顶梁错动率为 18.18%，98 号架附近顶梁台阶较大，请调整！

6. 顶梁抬头率为 36.36%，50 号架附近抬头严重，移架时请调整！

7. 支架接顶距大于 0.8m 的占 0.00%。

8. 支架初撑力平均值为：17.13MPa，注意提高支架初撑力！

四、备注

1. 工作面中、上部区域进入周期来压影响区，请注意！！

2. 工作面下部区域煤壁不平，支架前梁低头严重！

3. 21 号支架支护滞后，煤壁片深 1m。

4. 17 号架位于前梁上的两个前梁千斤顶耳座皆坏，前梁自动下降。

附录2　2703综采面支架质量观测与分析报告

11月16日<监控专题报告之三>

一、概述

鉴于支架质量监控工作的重要意义，监测小组于11月14日对2703工作面26~50号支架进行实测和调查，并运用有关支架质量监控分析软件对观测结果进行了系统的计算分析。

二、支架质量观测分析结果

＊＊＊	26号架	下柱安全阀严重漏液。
＊＊＊	27号架	前梁下腔管路严重漏液。
＊＊	30号架	上柱因液压系统漏液而失效。
＊＊＊	31号架	下柱安全阀漏液，片阀串液，平衡千斤顶因耳座变形而掉出。
＊＊	32号架	片阀漏液。
＊＊	33号架	下柱液压系统缓慢失效。
＊	34号架	上柱液压系统缓慢失效。
＊＊＊	35号架	平衡安全阀严重漏液，前梁安全阀漏液。
＊＊	38号架	片阀漏液。
＊＊＊	42号架	下柱因安全阀缓慢漏液而缓慢失效，前梁安全阀严重漏液。
＊＊＊	43号架	平衡安全阀严重漏液。
＊＊＊	44号架	下柱因安全阀严重漏液而失效，前梁安全阀漏液，平衡安全阀严重漏液。
＊＊＊	45号架	上柱因安全阀漏液而失效，平衡安全阀严重漏液。
＊＊＊	46号架	上柱因安全阀缓慢漏液和进液管路严重漏

液而失效。

* * * 　47 号架　　　前梁安全阀严重漏液，置于片阀后侧的粗
　　　　　　　　　　胶管二通漏，侧护板片阀串液。

* * 　　49 号架　　　下柱液压系统缓慢失效。

* * 　　50 号架　　　上柱因液压系统漏液而失效。

* 　　　27 号架、29 号架一级护帮板安全阀严重漏液，38 号架
　　　一级护帮变形、无二级护帮，43 号架二级护帮管坏，
　　　44 号、46 号架二级护帮无管，47 号架一级护帮因位于
　　　前梁上的左耳座断裂而歪斜、无二级护帮，48 号架二
　　　级护帮不动作，49 号架二级护帮无管，50 号架二级护
　　　帮因位于一级护帮上的左耳座断裂而歪斜，二级护帮千
　　　斤顶上腔管路漏液。

注：* * * 　表示迫切需要解决的问题；
　　* * 　　表示尽量需要解决的问题；
　　* 　　　表示在以后检查中要逐步加以解决的问题。

三、评价与建议

对于上柱、下柱、平衡、前梁液压系统，60% 的支架存在问题。
但统计结果表明，在所有失效千斤顶中，67% 为安全阀失效所引起，
24% 为千斤顶、管路、液压单向阀组成的液压系统失效，5% 为千斤
顶耳座变形损坏，5% 为管路漏液。根据上述情况，建议：

1. 对失效安全阀进行更换。

2. 对失效液压系统、漏液管路进行检修。

参 考 文 献

[1] 何富连. 采场老顶初次来压步距的工程计算法. 中国地方煤矿, 1994,（11）: 19~20.

[2] 贾喜荣. 浅论坚硬顶板的下沉与断裂. 见: 煤炭工业部矿山压力科技情报中心站编. 第二届煤矿采场矿压理论与实践讨论会论文汇编, 1984. 182~195.

[3] 何富连, 李万春等. 采场直接顶块裂岩体滑落冒顶规律及其控制. 见: 中国岩石力学与工程学会青年工作委员会编. 全国青年岩石力学与工程学术研讨会论文集. 成都: 西南交通大学出版社, 1995. 144~148.

[4] 贾喜荣. 坚硬顶板垮落机理及其工作面几何参数的确定. 见: 煤炭工业部矿山压力科技情报中心站编. 第三届煤矿采场矿压理论与实践讨论会论文汇编, 1987, 38~45.

[5] 钱鸣高, 刘听成. 矿山压力及其控制. 北京: 煤炭工业出版社, 1991.

[6] 钱鸣高, 何富连, 等. 再论采场矿山压力理论. 中国矿业大学学报, 1994, 23（3）: 1~9.

[7] 鲍莱茨基 M, 胡戴克 M. 矿山岩体力学. 于振海, 刘天泉译. 北京: 煤炭工业出版社, 1985.

[8] 鲍里索夫 A A. 矿山压力原理与计算. 王庆康译. 平寿康校. 北京: 煤炭工业出版社, 1986.

[9] 方新秋, 何富连, 等. 综采面支架—围岩保障系统软件设计. 矿山压力与顶板管理, 1997, 14（3&4）: 59~61.

[10] 汤逛霖. 数理统计及其应用. 徐州: 中国矿业大学出版社, 1991.

[11] 李鸿昌, 刘双跃, 刘长友, 等. 综采面破碎顶板综合治理. 矿上压力与顶板管理, 1990,（4）: 1~6.

[12] 何富连, 朱德仁, 等. 大采高综采工作面支架—围岩系统监控. 矿山压力与顶板管理, 1991, 8（2）: 9~16.

[13] 何富连. 断层切割条件下老顶初次来压研究. 世界煤炭技术, 1994,（11）: 29~30.

[14] 建筑结构静力计算手册编写组. 建筑结构静力计算手册. 北京: 中国建筑工业出版社, 1998.

[15] 何富连. 夹河煤矿7417工作面矿山压力监测数据的综合动态分析. 江苏煤炭, 1990,（1）: 23~27.

[16] 钱鸣高, 何富连, 等. 综采工作面端面顶板控制. 煤炭科学技术, 1992, 20（1）: 41~46.

[17] 张玉国, 何富连. 综放支架液压系统可靠性实测分析. 矿山压力与顶板管理, 2000, 17（3）: 12~14.

[18] 张福港. 弹性薄板. 北京: 科学出版社, 1984.

[19] 徐之纶. 弹性力学 [上、下册]. 北京: 高等教育出版社, 2007.

［20］何富连，瞿群迪，等．综采液压支架故障及其诊断技术研究．矿山压力与顶板管理，1997，14（3&4）：55～58.

［21］何富连，钱鸣高等．综采工作面直接顶松散漏顶及其控制．矿山压力与顶板管理，1993，10（3&4）：49～54.

［22］华东水利学院．弹性力学问题的有限单元法．水利电力出版社，1974.

［23］K. J. 拜塞．ADINA 自动动态增量非线性分析有限元程序．机械部计算中心情报资料室翻印，1984.

［24］陈炎光，钱鸣高，主编．中国煤矿采场围岩控制．徐州：中国矿业大学出版社，1994.

［25］孙执书，等．采掘机械与液压传动．徐州：中国矿业大学出版社，1991.

［26］何富连，钱鸣高．老顶初次来压步距的计算预测及其变化规律研究．见：第二次全国岩石力学与工程学术会议论文集．北京：知识出版社，1989，181～188.

［27］钱鸣高，何富连，等．综采工作面矿压显现与支护质量监控．中国煤炭，1995，（7）：48～51.

［28］张福学．1996/1997 传感器与执行器大全．北京：电子工业出版社，1997

［29］何富连，刘锦荣，等．采场直接顶碎裂结构散体冒顶力学模型与控制技术研究．见：中国煤炭学会青年工作委员会编．青年学术文集．北京：煤炭工业出版社，1994，52～55.

［30］黄得星．磁敏感器件及其应用．北京：科学出版社，1987.

［31］赵洪亮，何富连，等．综放采场矿压显现规律实测研究．矿山压力与顶板管理，2000，17（2）：69～70.

［32］方新秋，何富连，等．直接顶稳定性的相似模拟实验设计及应用．矿山压力与顶板管理，1999，16（3&4）：41～44.

［33］钱鸣高，何富连，李全生，等．综采工作面断面顶板控制．煤炭科学技术，1992，20（1）：41～46.

［34］钱鸣高，何富连，等．采场围岩控制的回顾与发展．煤炭科学技术，1996，24（1）：1～3.

［35］钱鸣高，何富连，等．采场围岩控制体系．世纪之交的煤炭科学技术．北京：中国煤炭学会，1997，30～33.

［36］何富连，刘亮，等．综采面直接顶块状松散岩体冒顶的分析与防治．煤，1995，（4）：7～10.

［37］何富连，钱鸣高，等．综采面直接顶滑落冒顶的机理与控制．中国矿业大学学报，1995，24（3）：30～34.

［38］刘锦荣，何富连．大采高综采工作面支架—围岩系统稳定性探讨．煤矿开采，1995，（3）：36～39.

［39］何富连，杨月江，等．综采面顶板与支护质量监控原理研究．矿山压力与顶板管理，1994，11（4）：29～30.

[40] 钱鸣高，殷建生，刘双跃. 综采工作面直接顶的端面冒落. 煤炭学报，1990，15 (1)：1～9.

[41] 何富连，李万春，等. 综采工作面液压支架监控系统研究. 见：中国煤炭学会青年科技学术研讨会论文集. 北京：煤炭工业出版社，1996，13～15.

[42] 何富连. 梯形采空区老顶初次来压规律的研究. 山西煤炭，1994，(5)：26～27.

[43] 何富连. 综采面直接顶块裂介质岩体稳定性及其控制研究. 矿山压力与顶板管理，1994，11 (3)：29～32.

[44] 张守宝. 何富连，等. 综放面端面顶煤稳定性分析及控制. 煤炭工程，2007，(11)：70～71.

[45] B. G. D Smart & A. Redfern. The Evaluation of Powered Support Specification from Geological and Mining Practice Information. Rock Mechanics：Key to Energy Production.

[46] He Fulian, Qu Qundi, et al. Hydraulic pressure monitoring system for powered supports at a coal face. Mining Science and Technology. Rotterdam：A. A. Balkema Publishers, 1999. 395～398.

[47] Raymongd J. Roark & Warren C. Young. Formulas for Stress and Strain. Mcgraw – Hill Book Company. 1975.

[48] He Fulian, Qian Minggao, et al. Study of the interaction between supports and surrouding rocks in longwall mining face with large mining height. Proceedings of the 2nd International Symposium on Mining Technology and Science. Xuzhou：China University of Mining & Technology, 1975. 493～500.

[49] He F L, Kang L X, et al. Study on the caving of jointed immediate roof and monitoring of powered supports in longwall face. Mining Science and Technology. Rotterdam：A. A. Balkema Publishers, 1996, 115～118.

[50] He F L, Zhai M H, et al. Monitoring indices and control of the intermediate roof caving in longwall coal face. Mine Planning and Equipment Selection. Rotterdam：A. A. Balkema Publishers, 1998, 227～230.

冶金工业出版社部分图书推荐

书　　名	定价(元)
采矿概论	28.00
采矿学	39.80
采矿知识问答	35.00
地下采矿技术	36.00
动静组合加载下的岩石破坏特性	22.00
地下采掘与工程机械设备丛书——地下辅助车辆	59.00
有岩爆破倾向硬岩矿床理论与技术	18.00
岩石受力的红外辐射效应	19.00
露天矿山台阶中深孔爆破开采技术	25.00
城镇石方爆破	28.00
工程爆破实用手册	60.00
露天开采整体优化理论、模型与算法	18.00
中国典型爆破工程与技术	260.00
工程爆破	30.00
矿山废料胶结充填	45.00
矿井热环境及其控制	89.00
矿山事故分析及系统安全管理	28.00
矿山工程设备技术	79.00
隐伏矿床预测的理论和方法	42.00
矿冶概论	29.00
矿山重大危险源辨识、评价及预警技术	42.00
煤层气储层测井评价方法及其应用	14.80
煤的综合利用基本知识问答	38.00
煤化学产品工艺学（第2版）	46.00
燃煤汞污染及其控制	19.00